基礎化学

化学の世界へようこそ

幅上茂樹・石川英里・櫻井　誠・宮脇誠司　共著

三共出版

まえがき

大学に入学してくる学生は，化学をほとんど学んでこないものから，「化学基礎」を学んだもの，これに加えて「化学」も学んできたものまで多様である。一方で，さまざまな専門分野に進む学生の，その化学に対する必要度もまちまちである。こうした状況を踏まえ，基本的に高校の「化学基礎」・「化学」の知識を前提とせず，また，化学を理解するうえで，本当に必要な基礎となる内容に厳選しつつも，高校で化学を学んできた学生をも満足させられる，化学の本質やより幅広い化学の知識を網羅した教科書が必要である。

本書は大学の「基礎化学」あるいは教養としての「化学」関連科目の教科書として，上述の必要性に沿ってつくられたものである。そして，通常 14～15 回の講義が行われることを想定して，**精選された 12 章から構成**されている。

本書の特徴を以下に挙げる。

- 大学受験で問われるような計算や暗記をできる限り排除して，化学の本質や本当に必要なことを伝え，「なぜ？」「どうして？」に答えるものとすることを基本としている。
- 化学の基礎だけでなく，たとえば高分子材料や環境などの化学に関連する重要分野についても広く学べるようになっている。
- 著者には大学教員だけでなく高校教員も加わって，学ぶ側の立場からできる限りわかりやすい内容となるように工夫されている。
- 各章に**「コラム／発展」**として関連する話題や発展的な内容を盛り込んだ。

化学をできる限り身近なものとして感じられるように，そして化学に少しでも興味がもてるように配慮された内容になっており，また，化学をあまり学んでこなかった学生やリメディアル用の教科書としても対応できるものとなっている。**高校から大学への橋渡しとなる「化学」の教科書**として位置づけられるものである。

2018 年2月

著　者

目　次

第1章　化学の世界

1－1　化学の世界へようこそ …… 1
1－2　身の周りの元素 …… 1
1－3　身の周りの物質 …… 3
　1－3－1　混合物とは，純物質とは …… 3
　1－3－2　化合物とは，単体とは …… 3
1－4　物質の状態の変化を粒子のレベルで考える …… 4
コラム／発展　実は身近な私たちの生活を支える化学工業 …… 6
演習問題 …… 8

第2章　原子の構造

2－1　原　子 …… 9
　2－1－1　原子の構造 …… 9
　2－1－2　元素という分類(原子番号・質量数・同位体) …… 9
　2－1－3　原子の重さ（相対質量と原子量） …… 11
2－2　原子の電子配置 …… 12
　2－2－1　原子モデルの発展 …… 12
　2－2－2　電子軌道（原子軌道）とは …… 14
　2－2－3　電子の“住所”の表し方 …… 16
コラム／発展　新元素作製成功！「ニホニウム」 …… 19
演習問題 …… 21

第3章　原子の周期的な性質

3－1　最外殻の電子配置が決める元素の性質 …… 22
　3－1－1　電子配置と周期表 …… 22
　3－1－2　原子の大きさの周期的な傾向 …… 23
　3－1－3　電子のやりとりで原子は安定な構造に（イオンの生成） …… 24
　3－1－4　イオンの電子配置 …… 25
3－2　原子核と最外殻の電子との引き合う力 …… 26
　3－2－1　イオン化エネルギーとは …… 26
　3－2－2　電子親和力とは …… 27
　3－2－3　電気陰性度とは …… 28

3－2－4　水素結合とは …… 30
コラム／発展　強力な永久磁石をつくる希土類元素（レア・アース） …… 32
演習問題 …… 34

第4章　化学結合

4－1　化学結合の種類 …… 35
4－2　オクテット則と電子式 …… 35
4－3　共有結合 …… 36
4－3－1　電子式による共有結合の表記法 …… 36
4－3－2　原子価殻電子対反発（VSEPR）モデル …… 37
4－3－3　混成軌道とは …… 38
4－3－4　分子軌道法とは …… 42
4－4　金属結晶とイオン結晶 …… 43
4－4－1　方向性のない結合でつくられる物質 …… 43
4－4－2　自由電子によって結合する金属結晶の構造（2つの最密充填構造） …… 44
4－4－3　イオン結晶の構造とその性質 …… 45
コラム／発展　変わりものな液体，水 …… 47
演習問題 …… 49

第5章　化学反応式と物質量，物質の濃度

5－1　化学反応式 …… 50
5－2　物 質 量 …… 52
5－2－1　物質量とは …… 52
5－2－2　1 mol の質量 (モル質量) …… 53
5－2－3　1 mol の体積（モル体積） …… 53
5－2－4　まとめ：物質量は物理量を結ぶパスポート …… 54
5－3　化学反応式から何がわかるのか …… 55
5－4　溶液の濃度 …… 56
5－4－1　質量パーセント濃度（%） …… 56
5－4－2　モル濃度（mol/L） …… 57
コラム／発展　先人の努力から化学反応式が生まれている …… 58
演習問題 …… 60

第６章　反応速度と化学平衡

６－１　反応速度 ……… 62
　６－１－１　反応はどのようにして進むのか ……… 62
　６－１－２　反応速度を表す ……… 62
　６－１－３　反応速度と濃度の関係 ……… 63
６－２　活性化エネルギーを乗り越えて反応が起こる（反応速度と温度の関係） ……… 64
６－３　反応速度と触媒の関係 ……… 66
　６－３－１　触媒とは ……… 66
　６－３－２　触媒は活性化エネルギーを下げる ……… 67
６－４　化学平衡 ……… 68
　６－４－１　右向きにも左向きにも進む反応 ……… 68
　６－４－２　正反応と逆反応が釣り合うと ……… 68
　６－４－３　平衡関係を表す ……… 70
　６－４－４　平衡は移動する ……… 70
コラム／発展　ハーバー・ボッシュ法とチーグラー・ナッタ触媒 ……… 71
演習問題 ……… 74

第７章　酸と塩基

７－１　アレーニウスの酸・塩基 ……… 75
　７－１－１　酸とは，塩基とは ……… 75
　７－１－２　酸と塩基の強弱は何で決まるのか ……… 76
　７－１－３　電離定数から酸性の強弱を知る ……… 76
　７－１－４　水素イオン濃度を表す pH ……… 78
　７－１－５　酸と塩基の反応：中和反応 ……… 79
７－２　ブレンステッド・ローリーの酸・塩基 ……… 81
　７－２－１　ブレンステッド・ローリーの酸，塩基とは ……… 81
　７－２－２　酸と塩基の関係は相対的なもの ……… 82
７－３　ルイスの酸・塩基 ……… 83
　７－３－１　ルイスの酸，塩基とは ……… 83
　７－３－２　ルイスの定義が酸・塩基をさらに拡張する ……… 84
コラム／発展　日本の酸性雨の現状は？ ……… 86
演習問題 ……… 87

第 8 章　酸化と還元

8－1　酸化と還元 …… 88
8－1－1　酸化とは，還元とは …… 88
8－1－2　酸化・還元で起きていること …… 89
8－2　身の周りの酸化還元反応 …… 90
8－2－1　酸化させるもの・還元させるもの …… 90
8－2－2　金属の陽イオンへのなりやすさ …… 91
8－2－3　電池はどのような仕組みなのか …… 93
8－2－4　実用電池：その 1 …… 94
コラム／発展　水質をみる：化学的酸素要求量（COD） …… 95
演習問題 …… 97

第 9 章　化学熱力学

9－1　化学反応に伴うエネルギー変化 …… 98
9－1－1　系と外界 …… 98
9－1－2　物質がもつエネルギー（内部エネルギー）と物質がやり取りするエネルギー（仕事と熱） …… 99
9－2　反 応 熱 …… 101
9－2－1　熱量を表す言葉：エンタルピー，H …… 101
9－2－2　化学反応におけるエンタルピー変化（熱化学方程式と反応熱） …… 102
9－2－3　ヘスの法則とは …… 103
9－2－4　標準生成エンタルピー，ΔHf° …… 105
9－3　自然界の現象は乱雑さを増大させる方向に進行する …… 107
9－3－1　乱雑さを表す言葉：エントロピー，S …… 107
9－3－2　ギブスの自由エネルギー，G …… 109
コラム／発展　カロリーってエネルギー？ …… 110
演習問題 …… 112

第 10 章　化学と物質：無機化合物

10－1　無機化合物とは …… 113
10－2　無機化合物の工業的製法 …… 113
10－2－1　アンモニアソーダ法 …… 113

10－2－2　電気分解とは …… 114
10－2－3　イオン交換膜法 …… 115
10－2－4　オストワルト法 …… 116
10－2－5　接 触 法 …… 117
10－3　セラミックス …… 117
10－3－1　セラミックスとは …… 117
10－3－2　バイオセラミックス …… 118
10－4　ガ ラ ス …… 119
10－4－1　一般ガラス …… 119
10－4－2　機能ガラス …… 120
10－4－3　結晶化ガラス …… 120
10－5　電子伝導性材料 …… 120
10－5－1　バンド構造と導電機構 …… 120
10－5－2　さまざまな種類の半導体 …… 122
10－6　実用電池：その2 …… 123
10－6－1　リチウムイオン電池 …… 123
10－6－2　燃料電池 …… 124
コラム／発電　電気を無駄なく光に変える電子素子，発光ダイオード（LED） …… 125
演習問題 …… 126

第11章　化学と物質：有機化合物・高分子化合物

11－1　多様な有機化合物 …… 127
11－2　有機化合物の構造を書く …… 128
11－3　有機化合物の本当の姿を知る …… 129
11－3－1　共鳴構造を考える …… 129
11－3－2　カルボン酸はどうして酸なのか …… 131
11－4　有機化合物を特徴づけるもの …… 132
11－5　有機化合物の反応 …… 134
11－6　有機化合物のかたちと機能／洗剤が汚れを落とすわけ …… 135
11－7　高分子とは …… 137
11－8　高分子の分子量を考える …… 138
11－9　高分子のかたちを考える …… 140

11－9－1　ポリエチレンにもいろいろある …… 140
11－9－2　網目状の高分子 …… 141
11－10　高分子が集合したかたち／結晶と非晶が共存する …… 142
11－11　生分解される高分子 …… 143
コラム／発展　分子の世界では鏡の中の世界も現実に …… 145
演習問題 …… 147

第12章　化学と環境

12－1　地球の大気 …… 148
12－2　フロン …… 149
12－2－1　フロンとは …… 149
12－2－2　オゾンホールの現状 …… 150
12－3　二酸化炭素 …… 151
12－3－1　二酸化炭素の性質 …… 151
12－3－2　地球温暖化 …… 153
12－4　ＰＣＢ・ダイオキシン …… 154
12－4－1　ＰＣＢとは …… 154
12－4－2　ダイオキシンとは …… 155
コラム／発展　二酸化炭素濃度はどのようにして測るのか：赤外線ガス分析計 …… 156
演習問題 …… 158

演習問題解答 …… 159
索　引 …… 164

第 1 章　化学の世界

1-1　化学の世界へようこそ

私たち自身はもちろん，私たちの身の周りのすべてのものがさまざまな物質からなり，そして私たちはプラスチック，ファインセラミックス，半導体・集積回路，バッテリー，医薬品・農薬などの新しい物質やそれを用いた製品を作り出し，利用して生活をより豊かなものにしている。一方で，新しく作り出された物質が環境に影響を与え，私たちの生活を脅かすようになることもある。これまで新物質の創出や応用を支えてきたのが「化学」であり，今後のさらなる発展ばかりでなく，エネルギー問題や環境問題の解決にも「化学」の力が不可欠である。

化学とは物質を対象とし，私たちの生活に密接に関連している学問である。物質が原子や**分子**[*1]などの粒子によってどのように組み立てられているのか（「構造」），その物質の示すさまざまな「性質」，そして物質が原子・分子レベルでどのように「変化」（**化学変化**，あるいは**化学反応**）するのかを研究・応用するのが化学であり，自然科学の１つの分野である。

＊1　原子については第２章を参照。また，一般にいくつかの原子が主として共有結合*で結びついてできた粒子を分子という（＊共有結合については 4-3 節を参照）。

したがって，私たちが新しい物質を作り出したとしても，その性質や反応はあくまでも自然の法則にしたがい，決して不思議なことが起こるわけではない。化学を学ぶ上で大切なことは，どうして物質がそのような性質を示し，反応するのかを理解することであり，つまり自然を学ぶことに他ならない。しかし，あとの章で学ぶように原子や分子の世界はあまりにも小さく[*2]，直接目で見ることができないため，このことが私たちの理解を難しくしているという面もある。

＊2　原子の直径はおよそ 10^{-10} m（100 億分の 1 m）である。

1-2　身の周りの元素

すべての物質は原子からできている。そして原子の種類のことを**元素**という。自然界には約 90 種類の元素が存在しており，日本で発見され，名称決定がニュースにもなった「ニホニウム」は人工的に作り出された元素である[*3]。元素は**元素記号**によって表わされる。たとえば，水素は

＊3　第２章「**コラム／発展**」参照。

“H”，酸素は “O” という記号で表わされる＊4。ちなみにニホニウムの元素記号は “Nh” である。この章に出てくる元素の元素記号をまとめた（表 1-1）。

＊4
水素 H：Hydrogen
酸素 O：Oxygen
元素の詳細については 2-1-2 節参照。

表 1-1 元素名と元素記号

元素名	元素記号	元素名	元素記号
水素	H	アルミニウム	Al
ヘリウム	He	ケイ素	Si
炭素	C	硫黄	S
窒素	N	塩素	Cl
酸素	O	アルゴン	Ar
ナトリウム	Na	カルシウム	Ca
マグネシウム	Mg	鉄	Fe

私たちの身の周りにはどのような元素が多く存在しているのか見てみよう（図 1-1）。

宇宙（太陽系）を構成する元素の割合と地球（地殻），そして私たちの体を構成する元素の割合はまったく異なっている。宇宙に存在するほとんどの元素は太陽などに集まっている＊5。また，地球の地殻を形成する岩石の多くがケイ素 Si と酸素 O を基本骨格＊6 とするものであるため，これらが主成分となっている。私たちが特別な環境の中で生きていることがよくわかる。

＊5 太陽では水素 H が融合してヘリウム He になる反応（核融合）が起きて，エネルギーを放出している。

＊6 ケイ酸塩 SiO_4^{4-}（10-3-1 節参照）。

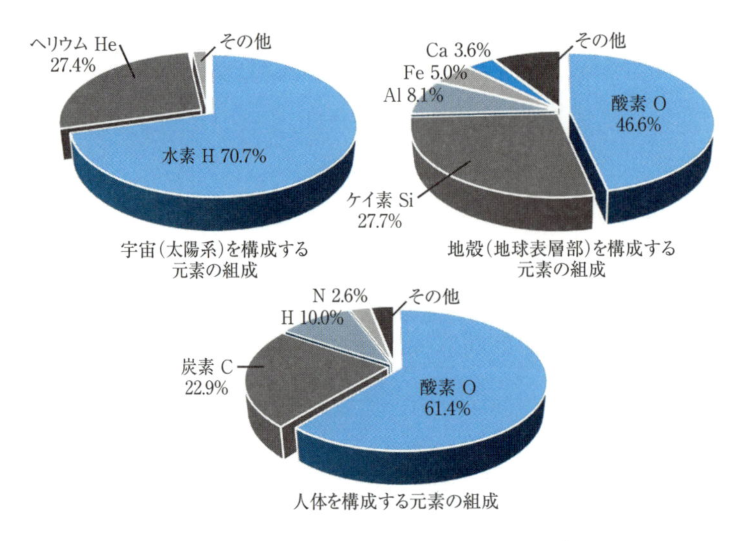

図 1-1 身の周りの元素（質量パーセント＊）
（＊濃度については 5-4 節を参照）

1-3　身の周りの物質

1-3-1　混合物とは，純物質とは

つぎに身の周りの物質を見てみよう。たとえば空気は窒素 N_2，酸素 O_2，アルゴン Ar などから，また海水は水 H_2O，塩化ナトリウム NaCl，塩化マグネシウム $MgCl_2$ など[*7]の物質からなり，いずれもいくつかの物質が混じり合った**混合物**[*8]である（図 1-2）。身の周りにあるものはほとんど混合物であり，たとえば食塩であっても原料や製造方法の違いにより NaCl 以外の複数の微量な金属成分などを含んでいるものが多い。

＊7　元素記号を使って物質の構造や組成を表した式のことを**化学式**という。

＊8　2 種類以上の物質が混じり合っているものをいう。

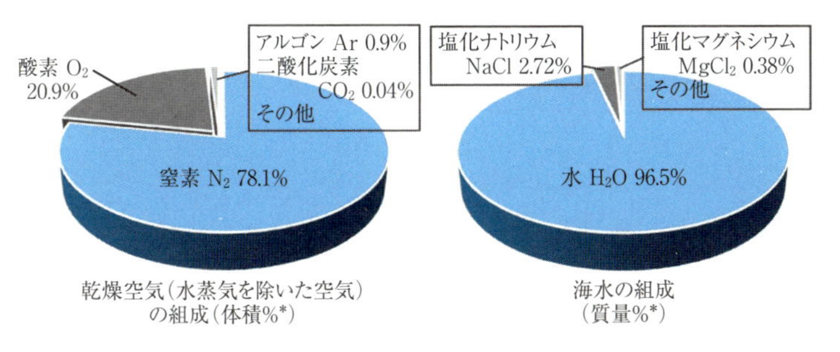

図 1-2　空気と海水を構成する物質の組成
（＊濃度については 5-4 節を参照）

これに対して，1 種類の物質だけからなるものを特に**純物質**という。1 円硬貨はアルミニウム Al で作られており純物質である。パソコンやスマートフォンなどの様々な電子機器に使われている半導体基板材料[*9]であるシリコンウェハーは極めて高純度のケイ素（シリコン）Si で，またグラニュー糖や氷砂糖は高純度のショ糖（スクロース）（図 1-3）の結晶からなっており，これらもやはり純物質である。

＊9　半導体については 10-5-1 節参照。

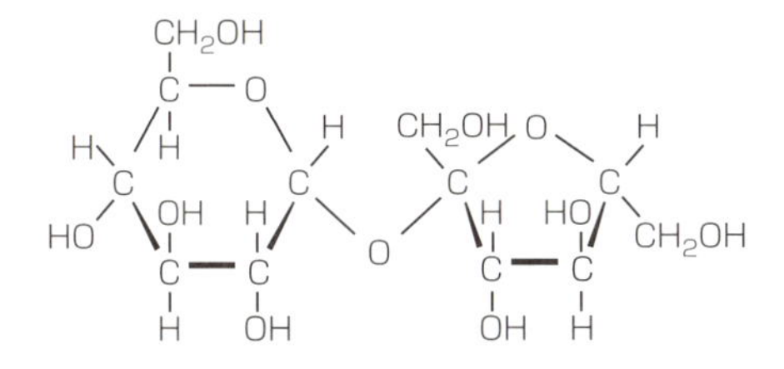

図 1-3　ショ糖（$C_{12}H_{22}O_{11}$）の構造

1-3-2　化合物とは，単体とは

“窒素 N_2”，“酸素 O_2”，“水 H_2O”，“塩化ナトリウム NaCl” はいずれも 1 種類の物質だけからなる純物質である。たとえば水分子は「H_2O」（分子式[*10]）と書き表されるが，これは水分子が水素原子 H 2 個と酸

＊10　化学式のうち，分子について組成や構造を表わした式のこと。

素原子 O 1個で構成される粒子（分子）であることを示している（酸素原子の数“1”は省略される）。同じように窒素は「N_2」で示され，窒素原子 N 2個で構成される粒子（分子）であることを示している。

2種類以上の元素からなる物質を**化合物**という。したがって水 H_2O や塩化ナトリウム NaCl は化合物である。これに対して1種類の元素のみからなる物質を**単体**といい，窒素 N_2，酸素 O_2 は単体である。化合物は化学的な方法，たとえば電気分解などで2種類以上の成分に分解でき，逆に，単体を化合することにより化合物が作られる[*11]。

以上の物質の分類を図 1-4 にまとめた。

＊11　化合物どうしが原子を組み換えて（化合して）新たな化合物をつくる場合もある。

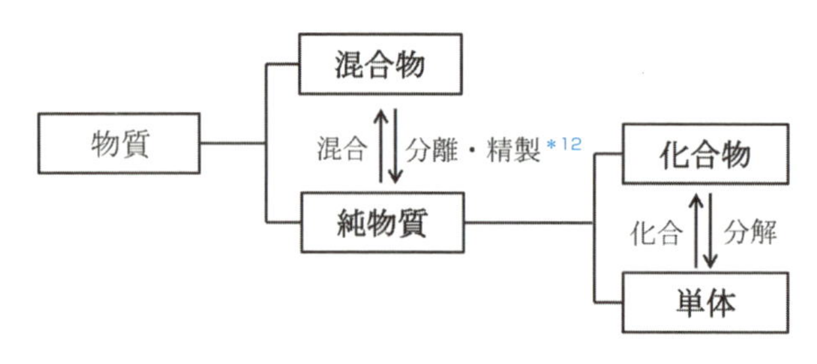

図 1-4　物質の分類

＊12　混合物から純物質を分離して取り出すことを**精製**という。

1-4　物質の状態の変化を粒子のレベルで考える

地球は水の惑星といわれるように，私たちの身の周りにはたくさんの水が存在し，私たち自身の体も水が最大の構成成分である。そして水は氷，水蒸気としても存在している。このように物質は氷のような**固体**状態，水のような**液体**状態，水蒸気のような**気体**状態の3つの状態をとりうる。これを物質の三態という。そして，温度や圧力が変化するとこの状態は変化する。このとき，物質の種類が変るわけではないので，このような変化を**物理変化**といい，前出の化学変化（1-1 節参照）とは区別される。物質の状態変化をまとめると図 1-5 のようになる。

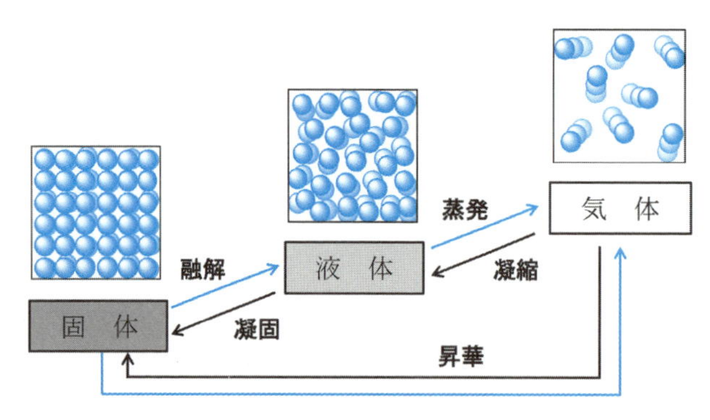

図 1-5　物質の三態の関係

ではこのような変化はなぜ起こるのだろうか。

物質粒子は常に運動をしており，この運動のことを**熱運動**[*13]という。また粒子間にはお互いに“引力”がはたらく。状態の変化はこれら熱運動と粒子間の距離・引力の大きさが変化することによって引き起こされる。

＊13　9-1-2 節，図 9-3 参照。

たとえば水分子 H_2O を考えてみよう。低温の氷の状態では熱運動が小さく，分子間の距離が小さいため引力が互いに強くはたらき，固体としての決まった形を与える（分子相互の位置が変わらない）。これを加熱していくと 0 ℃（常圧）[*14]で融解して水になる。加熱することによって熱運動が激しくなり水分子は絶えず動いて位置を変えるが，分子間の距離は比較的小さく，互いに弱い力がはたらいて集合状態を保っている。したがって，液体は，たとえば氷のように決まった形はないが，一定の体積をもつことになる。

＊14　固体が溶けて液体になる温度を**融点**という。また，逆に水を冷却していくと 0 ℃で凍りはじめる。液体が固体になる温度を凝固点といい，融点と凝固点は一致する。また，純物質の固体は固有の値をもち，純度の検定やその物質の識別にも利用される。

水分子は絶えず運動して位置を変え，互いに衝突しあい，表面付近では分子間の引力を断ち切って飛び出して水蒸気（気体）となる分子が現れる。これを**蒸発**という。そして 100 ℃[*15]（常圧）に達すると内部からも蒸発（沸騰）が起こる。水蒸気は，分子間の距離が大きく引力がほとんどはたらかない。したがって分子はばらばらになって自由に動き回り，決まった形をもたず，体積も固体や液体に比べ，急激に大きくなる。

＊15　液体が気体になる温度を**沸点**という。沸点は圧力によって変化するが，純物質では固有の値をもち，その物質の識別にも利用される。

このように粒子レベルで考えることによって，目で見える現象を理解することができる。

二酸化炭素 CO_2 は−78.5 ℃（常圧）以下では固体であり，アイスクリームなどの保冷剤，ドライアイスとしてよく見かける。そして，常圧では固体から液体になることなく直接気体になる（**昇華**）。たとえば防虫剤などとして使われるナフタレン[*16]も同様に昇華性を示す。では，水と二酸化炭素ではどうしてこのように大きく異なった状態変化を示すのであろうか。しかも状態変化が起きる温度は水の方がはるかに高い。二酸化炭素が昇華性を示す原因はおもに分子間の引力が弱いことにより説明される。ではなぜ，二酸化炭素は分子間の引力が弱いのだろうか。

＊16　ナフタレン（$C_{10}H_8$）の構造（有機化合物の構造に関しては，第 11 章を参照）。

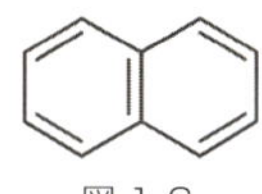

図 1-6

水分子と二酸化炭素分子の分子モデル（空間充填模型）を図 1-7 に示す。

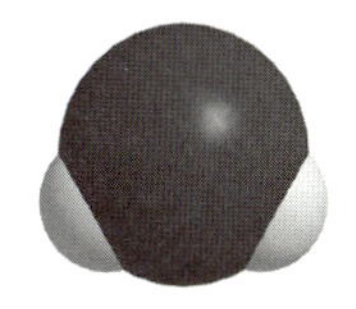

水分子 H_2O

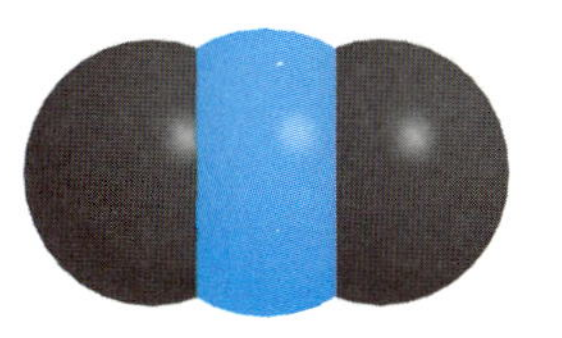

二酸化炭素分子 CO_2

図 1-7　水と二酸化炭素の構造

水分子も二酸化炭素分子もいずれも3つの原子から構成される。しかし，その形は大きく異なる。水分子は「折れ線型」といわれる曲がった分子の形であるのに対して，二酸化炭素は「直線型」の構造をとる。なぜこのような構造の違いが生じるのか，そして，どうしてこの構造の違いが分子間の引力の違いに結びつくのかは第２章以降で明らかになる[*17]。

つまり，状態変化は粒子の挙動を考えることで説明されたが，物質による挙動の違いをより詳細に理解するためには，その物質の真の姿（構造）を知る必要がある。

最初に述べたように（1-1 節），化学は物質の「構造」「性質」「変化」を研究する学問である。これらはお互いに密接に関連しあっており，構造を知ることは，その挙動，性質や反応を理解することに直結するのである。

*17　たとえば第４章「**コラム／発展**」参照。

「コラム／発展」

実は身近な私たちの生活を支える化学工業

化学は私たちの身の回りのすべての物質を取り扱い，そして私たちの生活に密接にかかわっている学問である。実際，多くの化学製品が製造され，それらが私たちの生活を支えている。その中には通常は直接目にすることはないが，なくてはならないものがたくさん含まれている。こうした化学製品を作り出す化学工業（プラスチック製品やゴム製品も含む）の日本における出荷額（2014 年）は約 43 兆円にのぼり，産業の中の大きな部分を占める。そしてこれは中国，アメリカに次いで第３番目の額に相当する[*18]。

例として特に原材料となる化学製品がどの程度生産されているのかをいくつかピックアップして表 1-2 にまとめた。

*18　日本化学工業会「グラフで見る日本の化学工業」参照。

表 1-2　主な化学製品の生産量（2015 年度）

化学製品名	化学式	生産量（千トン）	主な用途
苛性ソーダ（水酸化ナトリウム）	$NaOH$	3,849	アルミニウムの製造，中和剤，石けん等
アンモニア	NH_3	901	肥料，合成繊維原料等
塩　酸*	HCl	1,862	薬品の製造等
硫　酸	H_2SO_4	6,295	肥料，薬品の製造等
エチレン	C_2H_4	6,882	プラスチック・薬品原料等
ベンゼン	C_6H_6	4,061	薬品原料等

＊塩酸の生産量は 35%換算値
統計データ：経済産業省，日本肥料アンモニア協会，日本ソーダ工業会，硫酸協会，石油化学工業会

たとえば硫酸 H_2SO_4 は 630 万トン／年，エチレン C_2H_4 は 690 万トン／年，水酸化ナトリウム NaOH は 390 万トン／年ほどが生産されている。硫酸は主に二酸化硫黄 SO_2 から接触法というプロセスで製造され[*19]，肥料や薬品の製造など，化学工業で広く用いられている。エチレンはナフサ（原油を蒸留して得られる粗製ガソリンのこと）を熱分解して得られ，代表的なプラスチック（高分子化合物）であり広く使われているポリエチレンの原料（モノマー）として（第 11 章参照），また，その他の高分子化合物のモノマーの製造原料としてなど，多くの薬品の製造に用いられている。水酸化ナトリウムは塩化ナトリウム NaCl 水溶液を電気分解して，塩素 Cl_2，水素 H_2 と共に製造されている（電解法[*20]）。石油の精製や石けん，紙や繊維などの製造に用いられるほか，アルミニウムの原料であるボーキサイトからアルミナといわれる酸化アルミニウム Al_2O_3 を取り出す際などにも利用されている。

＊19　**接触法**
酸化バナジウム (V) V_2O_5 を触媒（6-3 節参照）として SO_2 を空気中の酸素 O_2 と反応させて三酸化硫黄 SO_3 とし，これを濃硫酸中の水 H_2O と反応させるプロセス（第 10 章参照）。

＊20　具体的には主に「イオン交換膜法」という方法で行われている（第 10 章参照）。

演 習 問 題

1．図 1-8 は海水の元素組成を表している。(a)〜(d) がどの元素に相当するかを予想せよ（図 1-2 を参考にせよ）。

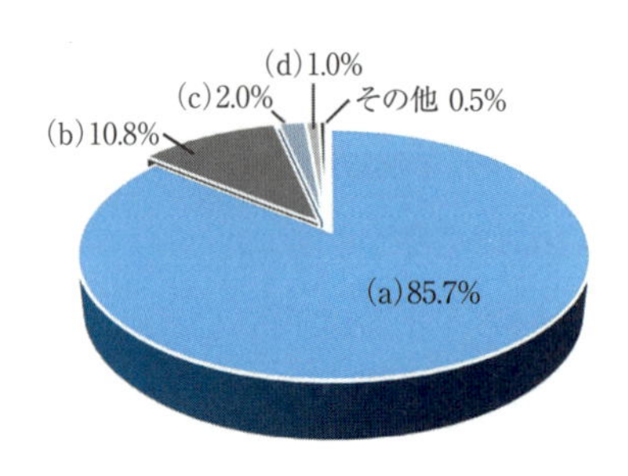

図 1-8　海水を構成する元素の組成（質量パーセント*）
（*濃度については 5-4 節を参照）

2．次の物質を単体，化合物，混合物のいずれかに分類せよ。

（1）牛乳　（2）氷　（3）石油

（4）ダイヤモンド　（5）ナフタレン

3．次の変化は物理変化であるか，化学変化であるかを答えよ。

（1）洗濯物が乾く。

（2）鉄くぎがさびる。

（3）ガスコンロに火をつける。

（4）砂糖を水に溶かす。

（5）お風呂に発泡入浴剤を入れると泡が出る。

第2章　原子の構造

2-1 原　　子

2-1-1　原子の構造

物質をかたちづくる最小の基本粒子である原子は，**陽子と中性子からなる原子核**と，原子核の周囲を運動する**電子**によって構成されている（図 2-1）。陽子と中性子はほぼ等しい質量をもち，電子はこれらの0.05% 程度の質量しかない[*1]。陽子は正電荷を，電子は負電荷を帯びており，正負は反対だが，それらの電荷の大きさは等しく，電気素量[*2]をもとに陽子 1 個の電荷を +1，電子 1 個の電荷を -1 で表す。中性子は電気的に中性な粒子で電荷をもたない。原子は同じ個数の陽子と電子をもち，お互いの電荷を打ち消すので全体として電気的に中性である。

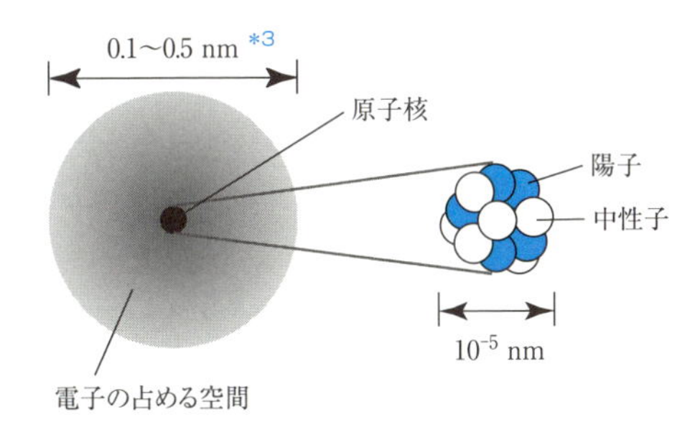

図 2-1　原子の構造

＊1
表 2-1　原子を構成する粒子

	質量 / kg	質量比	相対電荷
陽子	1.673×10^{-27}	1836	+1
中性子	1.675×10^{-27}	1839	0
電子	9.109×10^{-31}	1	-1

＊2　電気素量
電子もしくは陽子 1 個がもつ電気量で 1.602×10^{-19} C である。e で表される。

＊3　1 nm = 1×10^{-9} m である。n はナノと読み，10^{-9} を表す SI 単位系の接頭語（接頭辞）である。

2-1-2　元素という分類（原子番号・質量数・同位体）

陽子，電子，中性子の 3 種類の粒子の組み合わせで構成される原子は，その組み合わせの違いにより数千種類が存在する。このように膨大な種類の原子をわかりやすく分類して物質を理解するために，いくつかの数値が定義されている。

原子の性質は電子の状態（個数や配置など）によって決まる。そして，このような電子の状態は原子核内の正電荷の大きさ，つまり陽子の個数に支配されている。そこで**陽子の個数を原子番号**と決めて原子に“背番号”を付け，原子番号ごとに原子を区別する**元素**という分類ができた。中性子の数が異なっていたり，電子の数が異なっていても，陽子の数（＝

原子番号）が同じであれば同じ元素である。元素の種類を表すために元素ごとに**元素記号**[*4]が決められている。またさまざまな原子の重さを比較したいときに，原子１個あたりの絶対的な質量を使うより，目安になる値を使う方が理解しやすい。原子の重さのほとんどは原子核の重さであり，原子核を作っている陽子と中性子の質量はほとんど同じなので（表 2-1），**陽子の個数と中性子の個数を足した数を質量数**[*5]と定義して，原子の重さの目安として使う。原子の表記法を図 2-2 に示した。

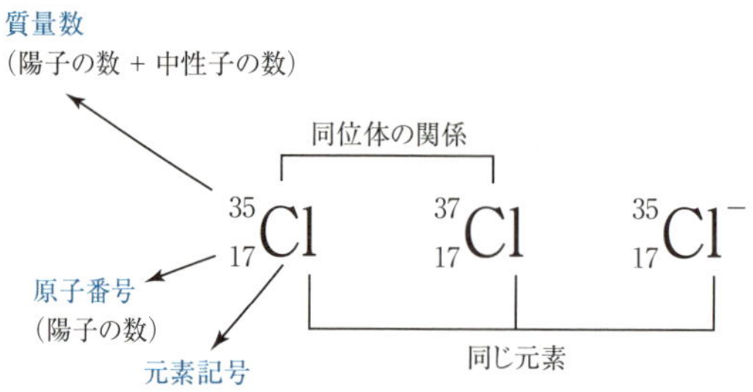

質量数
（陽子の数 + 中性子の数）
同位体の関係
$^{35}_{17}\mathrm{Cl}$　$^{37}_{17}\mathrm{Cl}$　$^{35}_{17}\mathrm{Cl}^{-}$
原子番号
（陽子の数）
元素記号
同じ元素

図 2-2　原子の表記法[*6]

ところで電気的に中性な粒子である中性子は，核力という引力で陽子と結びついて原子核内に複数存在する陽子どうしの静電的な反発を抑え，原子核を安定化させる役割を果たしている。原子核内に存在する中性子の数に厳密なルールはなく，陽子数が同じ，つまり同じ元素でも中性子数の異なる原子が存在する。これを**同位体**（**アイソトープ**）という。なお同位体の関係にある原子どうしの化学的性質はほとんど同じである[*7]。

ただし陽子の個数と中性子の個数のバランスが極端に悪い原子核は不安定であり，放射線[*8]を出して原子核中の陽子数と中性子数が変化すること，つまり元素の種類が変化することがある。このような現象を放射性壊変といい，放射性壊変を起こす同位体を**放射性同位体**（**ラジオアイソトープ**）という。一例を挙げると，質量数 235 のウラン U は陽子 92 個と中性子 143 個で構成される原子核をもつが，放射線を出しながら質量数 223 のラドン Rn（陽子 86 個と中性子 137 個）や質量数 211 のビスマス Bi（陽子 83 個と中性子 128 個）など多くの放射性同位体を経由して安定な質量数 207 の鉛 Pb（陽子 82 個と中性子 125 個）にまで変化する。

＊4　1-2 節参照。

＊5　原子核の質量は，厳密には陽子の質量と中性子の質量の和よりも小さい。これは原子核内で陽子と中性子は結合して原子核を安定化するが，この際に結合エネルギーの分だけ，実際には質量が減少しているためである。

＊6　Cl^{-} は塩化物イオンと呼ばれ，電気的に中性な塩素原子 Cl が電子１個を取り込んで負電荷を帯びた粒子（陰イオン）になったものである。詳細は第３章で説明する。

＊7　形成される化学結合の傾向やイオンへのなりやすさなどの化学的性質に違いは見られないが，質量数（質量）などの物理的性質は異なる。

＊8　不安定な原子核が安定な状態に変化するときに，粒子や電磁波として放出されるエネルギーを放射線という。放射線は非常に強いエネルギーをもち，物質に当たるとその物質中の原子や分子を直接，励起させる（より高いエネルギーをもった状態にする）。放射線を出す能力を放射能という。

2-1-3　原子の重さ（相対質量と原子量）

質量数は原子の重さを表すのに便利な数値であるが，あくまでも目安であって実際の原子の質量として取り扱うのには適切ではない。しかし厳密な原子 1 個の質量は 1×10^{-26} kg 程度の大きさであり，原子をもとにして分子や物質の質量を取り扱うときに，このような極小な質量は使いづらい。そこで質量数の利便性を活かしつつ，厳密な原子の質量を反映できるようにした**相対質量**が用いられる。**原子量**は質量数 12 の炭素原子 1 個の質量（1.99×10^{-26} kg）を 12 と決めて，これを基準にして他の原子の質量を相対質量として表したものである。たとえば質量数 16 の酸素原子の相対質量は以下のように求められ，16.0 である。

$$\text{酸素の相対質量} = \frac{\text{酸素原子 1 個の質量}}{\text{炭素原子 1 個の質量}} \times 12$$

$$= \frac{2.66 \times 10^{-26}\ \text{kg}}{1.99 \times 10^{-26}\ \text{kg}} \times 12 = 16.0$$

相対質量である原子量は g や kg といった質量を表す単位をもたない数値である。原子量の数値と同じ質量（g 単位）の原子を集めた場合，そこに含まれる原子の個数を**アボガドロ定数**（$6.02 \times 10^{23}\ \text{mol}^{-1}$）と定義して，さらにアボガドロ定数個の集まりを**モル**（**記号 mol**）と定義している[*9]。

自然界に存在するほとんどの元素は，同位体をもつ。同位体は中性子の数が異なっているので相対質量も異なる。そこで元素としての相対質量は，存在するすべての同位体の相対質量の平均値（加重平均）を使って表される。つまり元素の原子量は，それぞれの同位体の相対質量に存在比をかけたものを足し合わせたものである。たとえば水素の場合[*10]，^{1}H（相対質量 1.008，存在比 99.985%）と ^{2}H（相対質量 2.014，存在比 0.015%），^{3}H（相対質量 3.016，存在比 1×10^{-16}%）が存在するため，結果として元素としての水素の原子量は 1.008 となる。

水素の原子量

$$= 1.008 \times 0.99985 + 2.014 \times 0.00015 + 3.016 \times 10^{-18} = 1.008$$

自然界に存在する物質を作っている元素は必ずいくつかの同位体を含ん

＊9　つまり質量数 16 の酸素原子の場合，^{16}O 原子を 16.0 g 集めると，そこには 6.02×10^{23} 個の ^{16}O 原子が含まれており，これは 1 mol の ^{16}O 原子に相当する。日常生活でダース（12 個）や週（7 日間）などといった数についての単位が使われているが，化学の世界ではイオンや分子を取り扱う単位として「モル（mol）」を用いる。モル（mol）については 5-2-1 節でより詳しく学ぶ。

＊10　^{1}H は陽子を 1 個もつ水素原子であり，もっとも存在比が高い。他の同位体と区別して「軽水素」と呼ばれる。^{2}H は中性子を 1 個もち，「重水素」と呼ばれ，「D」という記号で表される。^{3}H は中性子を 2 個もち，三重水素といい，「T」という記号で表される。放射性同位体であり，中性子を 1 個しかもたない ^{3}He に変化する。

でいるので，分子やイオン[*11]の質量はこのようにして求められる原子量をもとに計算される。

*11　第3章参照。

2-2　原子の電子配置

2-2-1　原子モデルの発展

1900年代にイギリス人物理学者E. Rutherford（ラザフォード）[*12]が原子核を発見してから，原子の構造，特に反対の電荷をもつ陽子と電子が，なぜ静電的な引力をもちながらも原子内で一定の距離を保って存在できるのかを明らかにするために，多くの科学者が議論を重ねてきた。そのなかでラザフォードの研究結果をもとに，デンマーク人物理学者N. Bohr（ボーア）は原子構造を，地球の周りをぐるぐると回る月のように原子核の周りを電子が決まった軌道を等速円運動するとしたモデルで表した[*13]。ボーアの原子モデルは単純でわかりやすいために，現在でも一般によく使われているが，実は完全な原子の構造を表すものではない。電磁気学の考えによれば電荷を帯びた粒子である電子は円運動すると，電磁波を放出してエネルギーをなくしてしまい，一気に正電荷を帯びている原子核に吸い込まれてしまうはずなので，実際にはボーアの原子モデルは成り立たない。

そこで原子核の周りの**電子は粒子としての性質と波としての性質を合わせもつ**，という仮説がフランスの物理学者であるL. de Broglie（ド ブロイ）[*14]によって提唱され，この仮説によってボーアの原子モデルの問題点が解消された。ド・ブロイは，波としての電子の波長 λ（ラムダ）は式2-1のようにプランク定数 h [*15]，質量 m と速度 v で表され，ボーアが提唱した円である電子軌道の円周が電子の波長 λ の整数倍に等しい場合のみ，その電子軌道に電子が存在するとした（図2-4）。

*12　E. Rutherford（1871-1937）。1908年ノーベル化学賞受賞。

*13　N. Bohr（1885-1962）。1922年ノーベル物理学賞受賞。

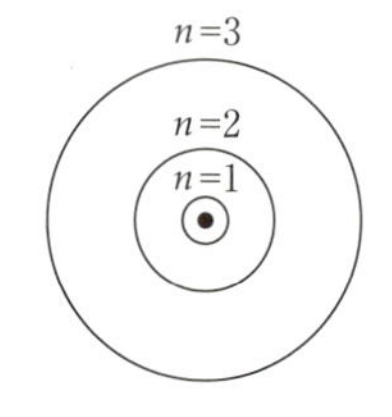

図2-3　Bohrの原子モデル
●は原子核を表し，原子核を中心にして同心円状に等速円運動をする電子の軌道が実線で記されている。

*14　L. de Broglie（1892-1987）。1929年ノーベル物理学賞受賞。

*15　プランク定数
$h = 6.626 \times 10^{-34}$ J·s

$$\lambda = \frac{h}{mv} \qquad (2\text{-}1)$$

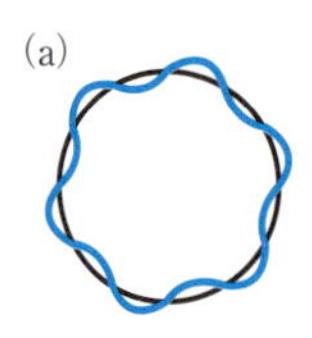

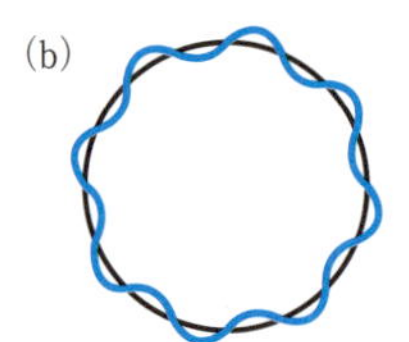

図2-4　波としての電子の軌道
（a）波長の6倍の円周の電子軌道　（b）波長の8倍の円周の電子軌道

ド・ブロイが提唱した前述の式 2-1 は，電子だけではなく質量をもつすべての物質に当てはまり，この物質がもつ波のことを**物質波**と呼ぶ。たとえば，質量 150 g（1.50 × 10^{-1} kg）の野球のボールを速度 150 km/h（41.7 m/s）で投げたときの物質波としての波長は 1.04 × 10^{-34} m であり，極めて小さくて観測することができないようなものである。またボールの直径（7.5 cm）と比較しても無視できるほど短い波長なので，現実にはこのボールがもつ物質波としての性質を考慮する必要はない。一方，電子の質量は 9.11 × 10^{-31} kg で，水素原子中を平均 5 × 10^{6} m/s の速度で運動している。このときの物質波としての波長は 1.46 × 10^{-10} m となり，原子の直径 1 × 10^{-10} m に近く，電子の波としての性質は無視できないものであることがわかる。

粒子でもあり，波でもあるというこの考え方は，理解しがたいものではあるが，電子のように原子よりもずっと小さなものを取り扱う世界では，粒子と波の違いは曖昧になる。ド・ブロイが物質波を提唱した後，オーストリアの物理学者である E. Schrödinger（シュレディンガー）[*16] はド・ブロイの理論をより発展させた電子の粒子性と波動性をともに組み込んだ**シュレディンガーの波動方程式**を提案した。この波動方程式の登場によって，こうした極小の世界の現象を取り扱う**量子力学**という学問が生まれ，この量子力学によって，より実際に近い原子の中での電子の状態を示すことができるようになり，古典科学は現代科学へと大きく発展した。 原子モデルの改良は今も続いており，近年ではコンピュータを用いた研究で，より実像に近い原子モデルが検証されている。

現代科学で使われている原子モデルは，次の２つの重要な概念をもとに作られている。

- 電子は特定のとびとびのエネルギーをもつ**電子軌道**にのみ存在する（**量子条件**）。
- 電子が異なる電子軌道の間を移動するとき，必ず，それらの電子軌道がもつエネルギーの差に等しいエネルギーの出入りがある（**振動数条件**）。

「とびとびのエネルギー」という考え方を**量子化されたエネルギー**という。量子化という言葉は，なだらかな斜面と階段を例にすれば理解しやすい[*17]。なだらかな斜面を登るときは高さが連続的に変化するので，どんな歩幅でも登ることができる。しかし階段を登るときは１段ごとの段の高さにあわせて足を上げないと登ることができない。斜面を「連続した高さの変化」とすれば，階段は「量子化された高さの変化」

＊16　E. Schrödinger (1887-1961)。1933 年ノーベル物理学賞受賞。シュレディンガーは水素原子中の電子をギターの弦をはじいた際に生じる波のように扱った（図 2-5 (a)）。ギターの弦をはじくと基音と倍音からなる波が生じ，倍音には波の振幅が 0 となる点，つまり**節**が現れる。電子の波も同じような現象が起きるものと考え，最も安定な波や，よりエネルギーの高い節をもつ波を形成することを波動関数（2-2-2 節参照）で示した。

(a)

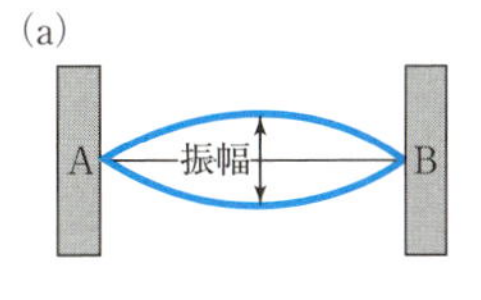

(b)

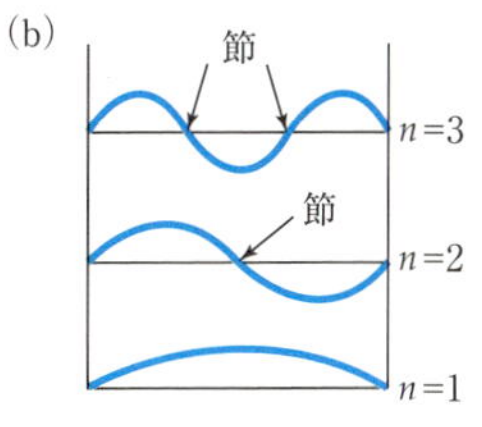

図 2-5
(a) 両端 AB を固定された弦の振動
(b) 波動関数の例

＊17

(1) 斜面で登る場合

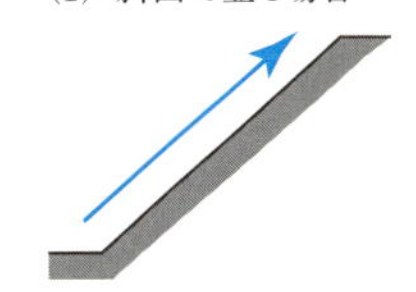

(2) 階段で登る場合

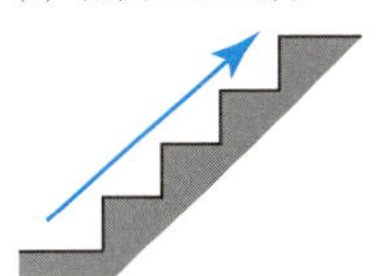

図 2-6　量子化されたエネルギーのたとえ

であり，段の高さという限られた値でのみ移動できる。原子レベルの極小な世界では，このように量子化されたエネルギーをもつ電子軌道に電子が存在することが大きな意味をもっている。

2-2-2　電子軌道（原子軌道）とは

量子力学に基づいた原子モデルでは，原子核の周りの電子の状態をシュレディンガーの波動方程式を解くことによって得られる波動関数から明らかにしている。波の性質をもつ電子の位置をイメージするのは難しいが，波の振幅の大きなところに電子の存在する確率が高いものとして計算すると，電子の存在確率の高いところが雲のように表される。これを**電子雲**と呼ぶ。この電子雲の様子は３種類の量子数，**主量子数**（n），**方位量子数**（ℓ），**磁気量子数**（m）で表される。主量子数（n）は電子雲の原子核からの距離，方位量子数（ℓ）は電子雲の形，磁気量子数（m）は電子雲の方向を決めている。つまりこの３種類の量子数の組み合わせによって，次のように原子の中で電子がどの電子雲（電子軌道）にいるのか，“住所”のように電子の所在をはっきりさせることができる。なお「電子軌道」という言葉は，１つの原子内に存在する電子の軌道を表すので**原子軌道**という言葉を使う場合もある。これは分子全体で電子配置を考える**分子軌道**（第４章）と区別するためである。

主量子数（n）で示される電子の位置は，図 2-7 のように原子核を中心にしてその周りにたまねぎの皮のように複数の電子雲が層をなしているように表される。主量子数（n）は１以上の整数であり原子核に近い電子雲から順に n = 1，2，3 … が割り振られ，数字が大きくなるにつれてその電子雲のエネルギーは高くなる。このような電子雲の状態を**電子殻**といい，n = 1，2，3 … の電子殻を順に K 殻，L 殻，M 殻 … と呼んでいる。

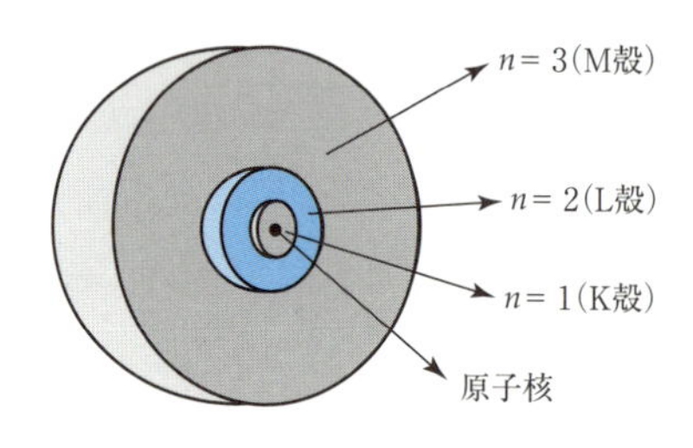

図 2-7　電子殻の構造

電子殻はさらに細かくエネルギーの異なる電子雲に分裂しており，これらを**副殻**と呼ぶ。副殻は方位量子数（ℓ）で区別されて，ℓ = 0, 1, 2, 3 の順に s 軌道，p 軌道，d 軌道，f 軌道と名付けられており，それぞれ図2-8に示したような形をしている。軌道がもつエネルギーはｓ軌道，ｐ軌道，ｄ軌道，ｆ軌道の順に高くなる。電子殻ごとに存在できる副殻には制限があり，$\ell=0$ から $\ell=n-1$ となる軌道まで存在できる。つまり $n=1$ のＫ殻には $\ell=0$ のｓ軌道のみが存在するが，$n=3$ のＭ殻には $\ell=0$，１，２のｓ軌道，ｐ軌道，ｄ軌道の３種類の副殻が含まれている。つまり原子核から遠い電子殻ほど，その電子殻がもつ電子軌道の種類は多くなる。

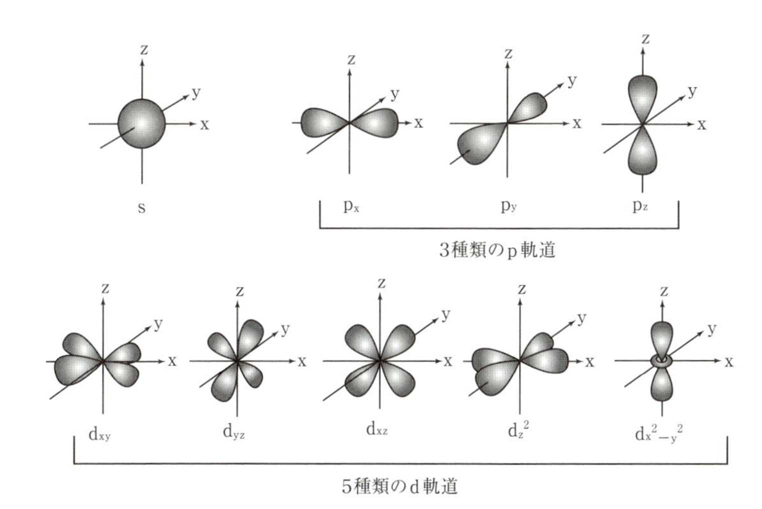

図 2-8　副殻の構造

また副殻には同じ方位量子数（ℓ）の軌道でも広がる方向が異なる軌道が存在し，これは磁気量子数（m）で区別される。副殻ごとに当てはめられる磁気量子数（m）は０を含む $-\ell$ から ℓ までの整数に制限されており，つまりそれぞれの副殻には $2\ell+1$ 種類の軌道が存在する。具体的に説明すると $\ell=0$ のｓ軌道は $m=0$ の広がりをもつ１種類しかなく，ｓ軌道は空間的に等方的な球形である。$\ell=1$ のｐ軌道は $m=-1$，0，１の３種類の p_x，p_y，p_z に，$\ell=2$ のｄ軌道は $m=-2$，-1，0，1，２の５種類の d_{xy}，d_{xz}，d_{yz}，$d_{x^2-y^2}$，d_{z^2} に分かれている（図 2-8）。さらに $\ell=3$ のｆ軌道には $m=-3$，-2，-1，0，1，2，３の７種類の軌道が存在する。方位量子数（ℓ）が同じ軌道で，磁気量子数（m）が異なるだけの軌道であれば，それらの軌道のエネルギーは等しい。たとえば３種類の p_x，p_y，p_z 軌道は同じエネルギーをもち，５種類の d_{xy}，d_{xz}，d_{yz}，$d_{x^2-y^2}$，d_{z^2} 軌道のエネルギーも等しい[*18]。以上の量子数と電子軌道の関係を表 2-2 にまとめた。

＊18　**縮退**という。

表 2-2　量子数と電子軌道

主量子数（n）	方位量子数（ℓ） [軌道名]	磁気量子数（m） [副殻の軌道の種類数]	電子殻内の総電子数（$n^2 \times 2$）*
1 [K 殻]	0 [1s]	0 [1 種類]	2
2 [L 殻]	0 [2s] 1 [2p]	0 [1 種類] -1，0，1 [3 種類]	8
3 [M 殻]	0 [3s] 1 [3p] 2 [3d]	0 [1 種類] -1，0，1 [3 種類] -2，-1，0，1，2 [5 種類]	18
4 [N 殻]	0 [4s] 1 [4p] 2 [4d] 3 [4f]	0 [1 種類] -1，0，1 [3 種類] -2，-1，0，1，2 [5 種類] -3，-2，-1，0，1，2，3 [7 種類]	32

＊電子殻内の総電子数 = 電子殻内の総軌道数（n^2）× 2

2-2-3　電子の"住所"の表し方

原子のさまざまな電子軌道の中にどのように電子が入っているのかを示すことを，原子の**電子配置**という。電子軌道の表記には，属している電子殻の主量子数 (n) と副殻の軌道の種類を組み合わせたものを用いる。たとえば M 殻（$n = 3$）の d 軌道であれば 3d と表す（表 2-2）。電子軌道のエネルギー準位[*19]を図 2-9 に示す。図中の□はそれぞれの軌道を表している。

＊19　電子軌道のエネルギーの大きさ。

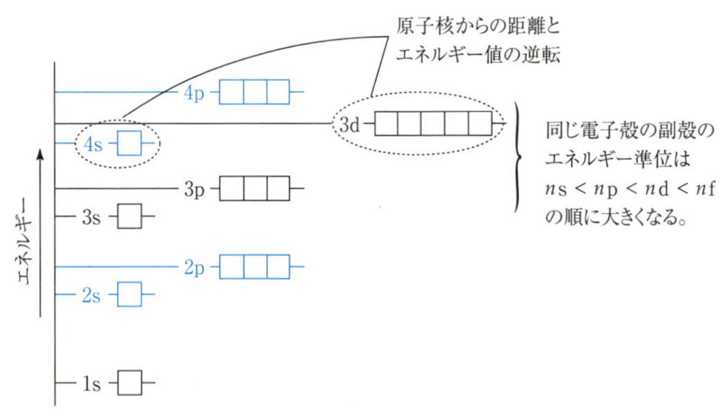

図 2-9　多電子原子の電子軌道のエネルギー準位

電子配置の基本ルールは次の通りである。

- 電子はエネルギーの低い電子軌道から順に入り，1つの電子軌道には最大で2つまで収容される。
- 副殻はすべての軌道が電子で満たされている状態が最も安定である。電子殻内のすべての副殻の軌道が完全に電子で満たされた状態のことを**閉殻**と呼ぶ。

基本的に原子核からの距離が遠くなるにつれて電子軌道のエネルギーは高くなる。しかし d 軌道のように方向性が複雑になると図 2-9 に示された 3d と 4s のように，内側の電子殻（M 殻）に属する 3d 軌道の方が外側の電子殻（L 殻）に存在する 4s 軌道よりもエネルギーが高い，という逆転現象が起こり，電子は 3d 軌道よりも先に 4s 軌道に入る。つまり内側の電子殻（M 殻）が閉殻になる前に，外側の電子殻（L 殻）に電子が入ることがある。カリウム ${}_{19}\mathrm{K}$ やカルシウム ${}_{20}\mathrm{Ca}$ などの電子配置がその例である（図 2-14 参照）。このような現象は主量子数 (n) の大きな電子殻で頻繁に起るために注意が必要である。電子軌道をエネルギーの順に並べると次のようになるが，図 2-10 [*20] を使うと便利である。

1s < 2s < 2p < 3s < 3p < 4s < 3d < 4p < 5s < 4d
< 5p < 6s < 4f < 5d < 6p < 7s < 5f < 6d …

電子配置は原子核に近い順に軌道名を並べ [*21]，軌道名の右上にその軌道に入る電子の個数を記載して記す。閉殻している**内殻**（最外殻 [*22] よりも内側にある電子殻）部分の電子配置を，それと同じ電子配置をもつ元素の記号を示すことで省略する**短縮電子配置**という表記法もある（図 2-11）。

${}_{10}\mathrm{Ne}$ の電子配置　$1s^2 2s^2 2p^6$

${}_{15}\mathrm{P}$ の電子配置　$1s^2 2s^2 2p^6 3s^2 3p^3$ → $[\mathrm{Ne}]3s^2 3p^3$
${}_{10}\mathrm{Ne}$ と同じ電子配置　　短縮電子配置表記

${}_{20}\mathrm{Ca}$ の電子配置　$[\mathrm{Ar}]4s^2$
電子が入っていない空の軌道(3d)は記載しない

${}_{21}\mathrm{Sc}$ の電子配置　$[\mathrm{Ar}]3d^1 4s^2$

図 2-11　電子配置の表記法

地球が地軸を中心にして自転しているように，電子は軸周りを回転している（図 2-12）[*23]。これを電子スピンと呼ぶ。電子は右回りの回転をするものと左回りの回転をするものがある。回転方向を区別するのに上下の矢印を用いるため，それぞれ上向きのスピン，下向きのスピンと呼ばれることもある。電子がそれぞれの軌道に入るとき，スピンの向きにも決まりがある。

○ 1 つの軌道に**2 つの電子が入るときには，必ずスピンの向きを逆向き**にして入る。2 個の電子が入っている状態を**電子対**と呼び，

＊20

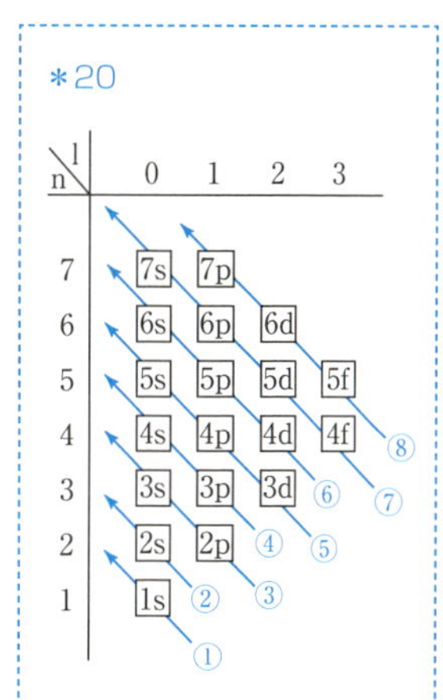

図 2-10　原子軌道に電子が満たされる順序
①〜⑧の順に矢印に従って電子軌道が満たされる。

＊21　原子核に近い順ではなくエネルギーの低い順に軌道を並べて表記するテキストもある。この表記法だと ${}_{21}\mathrm{Sc}$ の電子配置は $[\mathrm{Ar}]4s^2 3d^1$ となる。

＊22　3-1-1 節参照。

＊23

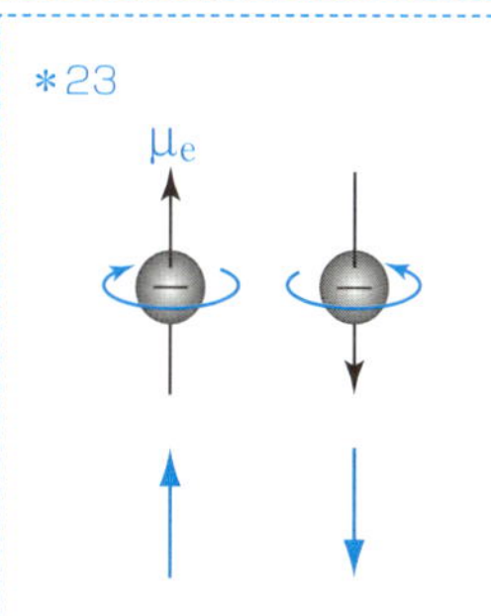

図 2-12　電子スピン
負の電荷を帯びている電子が軸周りに回転することで磁場が発生し，その磁場の方向は回転の向きによって逆方向になる。これをわかりやすく示すために電子スピンは回転の向きを上下方向の矢印で表している。発生する磁場の大きさや方向は**磁気モーメント**（μ_e）で表される。回転の向きが異なっても電子スピンによって発生する磁場の大きさは同じであり，それぞれの発

相方をもたず1つだけで存在している電子を**不対電子**と呼ぶ。

- エネルギーが同じ軌道が複数ある場合，つまり p 軌道や d 軌道，f 軌道には，できるだけ均等になるように電子が入る。その際にはスピンの向きがそろうように配列する（図 2-13）*24。向きがそろった状態をスピンが平行になっているという。

電子スピンの向きも考慮して表した電子配置図を**軌道図**という。図 2-14 に原子番号 1 番から 36 番までの軌道図を示す。

本節の最初に副殻はすべての軌道が電子で満たされている状態が最も安定であることを説明したが，エネルギーが同じ軌道が複数ある p 軌道や d 軌道，f 軌道ではすべての軌道に 1 個ずつ電子が入った**亜閉殻**と呼ばれる準安定な電子配置がある。閉殻構造ほどではないにしてもその安定性は無視できない大きさがあり，ときおりその影響を受けた電子配置が存在する。

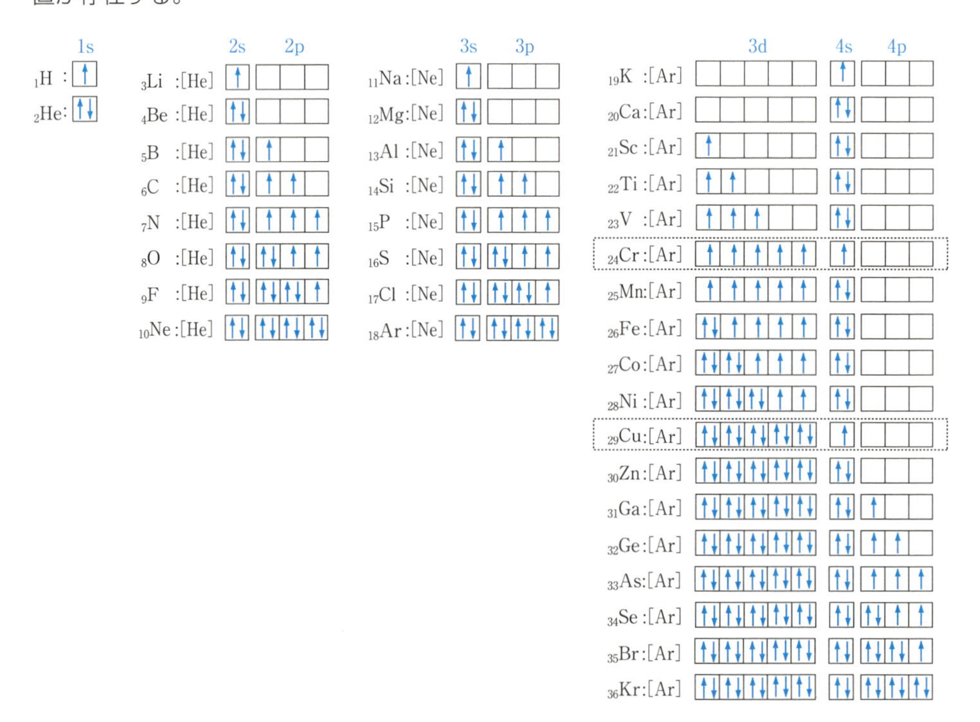

図 2-14　原子番号 1 番から 36 番までの軌道図

たとえば，図 2-14 のクロム $_{24}$Cr の電子配置は亜閉殻の影響を受けている。クロムと原子番号が前後する原子から推測される電子配置は 3d 軌道に 4 つ，4s 軌道に 2 つ電子がはいったものになるはずだが，実際には 3d 軌道に 5 つ，4s 軌道に 1 つの配置になっており，エネルギーが低い 4s 軌道が埋まる前にエネルギーの高い 3d 軌道に電子が配

生磁場は μ_e と $-\mu_e$ のように表される。正負の符号の違いは方向が反対であることを表している。このように 1 つの電子は 1 個の磁石のように振る舞う。

*24

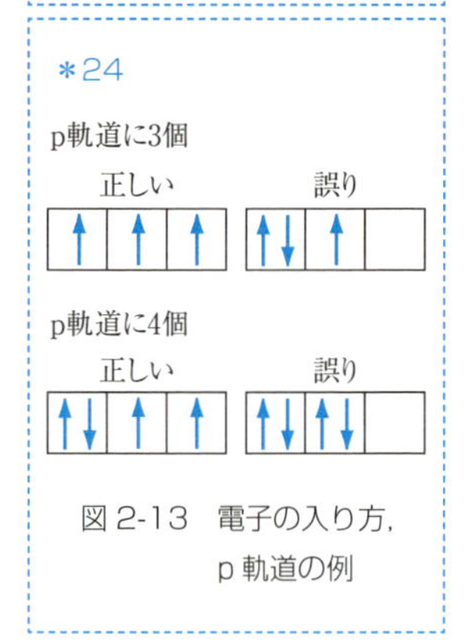

図 2-13　電子の入り方，p 軌道の例

置されたことになる。3d 軌道は 4s 軌道よりもエネルギーが高い軌道だが，そのエネルギー差はそれほど大きくはない。そのため 4s 軌道に電子が入って安定になるよりも，少し無理をして 3d 軌道に電子が入ることによって，亜閉殻状態をとって得られる安定性の方が大きいためにこのような配置を取るのである。似たような状況が銅 $_{29}$Cu の電子配置でも確認できる（この場合には 3d 軌道を閉殻状態にして得られる安定性が優先されている）。

このような亜閉殻による安定性はイオン化エネルギー（第３章）にも影響を与えている。

「コラム／発展」

新元素作製成功！「ニホニウム」

2016 年 11 月 30 日に原子番号 113 番の元素に**ニホニウム**という名称と元素記号「Nh」が与えられることが正式に決定した。ニホニウム Nh は九州大学の森田浩介教授が率いる理化学研究所の研究チームが，2004 年から 2012 年の間に３個「作りだした新元素」であり，その功績から理化学研究所に命名権が与えられた。元素を作る，と聞くとずいぶんと不思議な感覚にとらわれるが，本章の 2-1-2 節にあるように原子がもつ陽子の個数で元素は区別されるので，原子核の陽子の数を増やしたり減らしたりすれば新しい元素は作ることができる。実際に放射性同位体はその原子核が壊れて陽子数が変化し，どんどん小さな原子番号をもつ異なる元素に変化していく。

森田教授らは 83 個の陽子をもつビスマス Bi に 30 個の陽子をもつ亜鉛 Zn をぶつけて合計 113 個の陽子をもつ原子の作成に挑戦し，そして成功した。このように記すと非常にあっさりしているようであるが，奇跡的な成功を現実のものにするために研究チームの不断の努力と技術があったのはいうまでもない。

原子の構造を思い出して欲しい（図 2-1）。0.1 nm 程度の直径をもつ球状の電子雲の中心に直径 10^{-5} nm 程度の原子核が位置している。原子核の大きさを直径 10 cm のボールに例えると，その周りの電子雲は直径 1 km の球に相当する。そんな直径 1 km の球を衝突させて，その中心にある直径 10 cm のボールどうしが直接ぶつかるようにする。そのときに安定な原子核の構造が作り変わるぐらいの衝撃が必要なので，かなり大きな力で衝突させなくてはならない。

さらに困難であることは「作成した原子番号 113 の元素」の確認である。現在，周期表（図 3-1）には原子番号 118 番までの元素が並んでいるが，天然に豊富に存在する元素は原子番号 1 番（水素 H）から 92 番（ウラン U）までである。93 番（ネプツニウム Np）以降の元素は超ウラン元素と呼ばれ，人工的に作られた元素であり天然には存在しない。陽子数が 93 個以上になると原子核が不安定になり，崩壊しやすい。つまり原子番号 93 以上の元素は寿命が極端に短く，人工的に作り出してもすぐに別の安定な元素に変化してしまう。ニホニウム $_{113}$Nh も例外ではなく，その寿命は 1,000 分の 2 秒しかない。

理化学研究所の研究チームは世界最高のビーム強度をもつ線形加速器ライラック（RILAC）を使って，1 秒間に 2.4 兆個の亜鉛原子を光速（秒速 30 万 km）の 10% まで加速させてビスマスの標的に照射した。このビームは強すぎるので連続して同じ場所に当て続けるとビスマスの標的（厚さ 1 万分の 5 mm）に穴を開けてしまう。そこで複数のビスマスの標的を円盤状に並べて毎分 3,000 回転以上で回した。また稀に合成されたニホニウムを大量の亜鉛のビームから選り分けるための装置［気体充填型反跳分離器（GARIS）］も必要であった。これらはいずれも研究者らが自ら設計した純国産の装置であり，この装置群を用いて，9 年間で 400 兆回も亜鉛原子 $_{30}$Zn とビスマス原子 $_{83}$Bi を衝突させて，3 個のニホニウム原子 $_{113}$Nh の作成に成功した。その技術力もさることながら，24 時間連続で何週間も休むことなく続く実験のために加速器を運転し続けた研究スタッフの熱意がアジア初の新元素作成を導いたのである。

参考
理化学研究所仁科加速器研究センター　ホームページ「113 番元素特設ページ」
http://www.nishina.riken.jp/113/

演習問題

1．次の原子もしくはイオンに含まれる陽子，中性子，電子の数を答えよ。
(1) $^{1}_{1}H$　(2) $^{13}_{6}C$　(3) $^{35}_{17}Cl$　(4) $^{35}_{17}Cl^{-}$　(5) $^{1}_{1}H^{+}$

2．ホウ素には ^{10}B と ^{11}B の２つの安定同位体が存在する。^{10}B の相対質量が 10.0 で存在比が 19.9%，^{11}B の相対質量が 11.0 で存在比が 80.1% である。ホウ素の原子量を求めよ。

3．主量子数が４（n＝４）のＮ殻に含まれる副殻の総軌道数はいくつか。

4．例にならって次の原子の電子配置を書け。
（例）C : $1s^2 2s^2 2p^2$
（1）Si　（2）Ne　（3）K　（4）Ti　（5）As

5．例にならって次の原子の軌道図を書け。

（例）$_{3}Li$: 1s [↑↓] 2s [↑]
（1）$_{2}He$　（2）$_{5}B$　（3）$_{7}N$　（4）$_{8}O$

第3章　原子の周期的な性質

3-1　最外殻の電子配置が決める元素の性質

3-1-1　電子配置と周期表

原子番号の順に元素を並べると，周期的に類似した化学的な性質をもった元素が現れる。第２章の図 2-14 に原子番号 36 番までの原子の電子配置を示した。この図から元素の**最外殻（最も外側の電子殻）には常にｓ軌道とｐ軌道のみに電子が入っている**ことがわかる。最外殻の電子は反応性が高く，他の原子と化学結合を作る（第４章参照）。つまり**元素の化学的な性質は最外殻の電子配置に大きく依存する**といえる。元素の最外殻の電子配置の周期性をわかりやすくまとめたものが，よく使われている長周期型の周期表である。図 3-1 に各元素の電子配置も記載した長周期型の周期表を示す。

周期 ＼ 族	1	2	3	4	5	6	7	8	9	10	11	12	13	14	15	16	17	18
1	1 **H** $1s^1$																	2 **He** $1s^2$
2	3 **Li** $2s^1$	4 **Be** $2s^2$											5 **B** $2s^22p^1$	6 **C** $2s^22p^2$	7 **N** $2s^22p^3$	8 **O** $2s^22p^4$	9 **F** $2s^22p^5$	10 **Ne** $2s^22p^6$
3	11 **Na** $3s^1$	12 **Mg** $3s^2$	遷移元素										13 **Al** $3s^23p^1$	14 **Si** $3s^23p^2$	15 **P** $3s^23p^3$	16 **S** $3s^23p^4$	17 **Cl** $3s^23p^5$	18 **Ar** $3s^23p^6$
4	19 **K** $4s^1$	20 **Ca** $4s^2$	21 **Sc** $4s^2$ $3d^1$	22 **Ti** $4s^2$ $3d^2$	23 **V** $4s^2$ $3d^3$	24 **Cr** $4s^1$ $3d^5$	25 **Mn** $4s^2$ $3d^5$	26 **Fe** $4s^2$ $3d^6$	27 **Co** $4s^2$ $3d^7$	28 **Ni** $4s^2$ $3d^8$	29 **Cu** $4s^1$ $3d^{10}$	30 **Zn** $4s^2$ $3d^{10}$	31 **Ga** $4s^24p^1$ $3d^{10}$	32 **Ge** $4s^24p^2$ $3d^{10}$	33 **As** $4s^24p^3$ $3d^{10}$	34 **Se** $4s^24p^4$ $3d^{10}$	35 **Br** $4s^24p^5$ $3d^{10}$	36 **Kr** $4s^24p^6$ $3d^{10}$
5	37 **Rb** $5s^1$	38 **Sr** $5s^2$	39 **Y** $5s^2$ $4d^1$	40 **Zr** $5s^2$ $4d^2$	41 **Nb** $5s^2$ $4d^3$	42 **Mo** $5s^1$ $4d^5$	43 **Tc** $5s^2$ $4d^5$	44 **Ru** $5s^2$ $4d^6$	45 **Rh** $5s^2$ $4d^7$	46 **Pd** $5s^2$ $4d^8$	47 **Ag** $5s^1$ $4d^{10}$	48 **Cd** $5s^2$ $4d^{10}$	49 **In** $5s^25p^1$ $4d^{10}$	50 **Sn** $5s^25p^2$ $4d^{10}$	51 **Sb** $5s^25p^3$ $4d^{10}$	52 **Te** $5s^25p^4$ $4d^{10}$	53 **I** $5s^25p^5$ $4d^{10}$	54 **Xe** $5s^25p^6$ $4d^{10}$
6	55 **Cs** $6s^1$	56 **Ba** $6s^2$	57～71	72 **Hf** $6s^2$ $4f^{14}5d^2$	73 **Ta** $6s^2$ $4f^{14}5d^3$	74 **W** $6s^1$ $4f^{14}5d^5$	75 **Re** $6s^2$ $4f^{14}5d^5$	76 **Os** $6s^2$ $4f^{14}5d^6$	77 **Ir** $6s^2$ $4f^{14}5d^7$	78 **Pt** $6s^2$ $4f^{14}5d^8$	79 **Au** $6s^1$ $4f^{14}5d^{10}$	80 **Hg** $6s^2$ $4f^{14}5d^{10}$	81 **Tl** $6s^26p^1$ $4f^{14}5d^{10}$	82 **Pb** $6s^26p^2$ $4f^{14}5d^{10}$	83 **Bi** $6s^26p^3$ $4f^{14}5d^{10}$	84 **Po** $6s^26p^4$ $4f^{14}5d^{10}$	85 **At** $6s^26p^5$ $4f^{14}5d^{10}$	86 **Rn** $6s^26p^6$ $4f^{14}5d^{10}$
7	87 **Fr** $7s^1$	88 **Ra** $7s^2$	89 ～103	104 **Rf** $7s^2$ $5f^{14}6d^2$	105 **Db** $7s^2$ $5f^{14}6d^3$	106 **Sg** $7s^1$ $5f^{14}6d^4$	107 **Bh** $7s^2$ $5f^{14}6d^5$	108 **Hs** $7s^2$ $5f^{14}6d^6$	109 **Mt** $7s^2$ $5f^{14}6d^7$	110 **Ds** $7s^2$ $5f^{14}6d^8$	111 **Rg** $7s^1$ $5f^{14}6d^9$	112 **Cn** $7s^2$ $5f^{14}6d^{10}$	113 **Nh** $7s^27p^1$ $5f^{14}6d^{10}$	114 **Fl** $7s^27p^2$ $5f^{14}6d^{10}$	115 **Mc** $7s^27p^3$ $5f^{14}6d^{10}$	116 **Lv** $7s^27p^4$ $5f^{14}6d^{10}$	116 **Ts** $7s^27p^5$ $5f^{14}6d^{10}$	118 **Og** $7s^27p^6$ $5f^{14}6d^{10}$

ランタノイド	57 **La** $6s^2$ $5d^1$	58 **Ce** $6s^2$ $4f^15d^1$	59 **Pr** $6s^2$ $4f^3$	60 **Nd** $6s^2$ $4f^4$	61 **Pm** $6s^2$ $4f^5$	62 **Sm** $6s^2$ $4f^6$	63 **Eu** $6s^2$ $4f^7$	64 **Gd** $6s^2$ $4f^75d^1$	65 **Tb** $6s^2$ $4f^9$	66 **Dy** $6s^2$ $4f^{10}$	67 **Ho** $6s^2$ $4f^{11}$	68 **Er** $6s^2$ $4f^{12}$	69 **Tm** $6s^2$ $4f^{13}$	70 **Yb** $6s^2$ $4f^{14}$	71 **Lu** $6s^2$ $4f^{14}5d^1$
アクチノイド	89 **Ac** $7s^2$ $6d^1$	90 **Th** $7s^2$ $6d^2$	91 **Pa** $7s^1$ $5f^26d^1$	92 **U** $7s^2$ $5f^36d^1$	93 **Np** $7s^2$ $5f^46d^1$	94 **Pu** $7s^2$ $5f^6$	95 **Am** $7s^2$ $5f^7$	96 **Cm** $7s^2$ $5f^76d^1$	97 **Bk** $7s^2$ $5f^{14}6d^{10}$	98 **Cf** $7s^2$ $5f^9$	99 **Es** $7s^2$ $5f^{10}$	100 **Fm** $7s^2$ $5f^{11}$	101 **Md** $7s^2$ $5f^{12}$	102 **No** $7s^2$ $5f^{13}$	103 **Lr** $7s^2$ $5f^{14}$

図 3-1　長周期型周期表
（灰色のセルの元素は非金属元素，白いセルの元素は金属元素を表す。
青線で囲まれた元素は遷移元素，それ以外の元素は典型元素である。）

周期表において最外殻の主量子数 (*n*)（電子殻の種類）で分類された元素のグループが**周期**（横の並び）であり，最外殻の電子配置で分類された元素のグループが**族**（縦の並び）である。現在，周期については第 1 周期から第 7 周期までの元素が発見されており，族は 1 族から 18 族に分類されている。1 族から 2 族，13 族から 18 族へは原子番号が増加するにつれて最外殻の s 軌道と p 軌道に電子が 1 個ずつ増加する。18 族では最大収容数である 8 個（ヘリウムは 2 個）の電子が入り，18 族元素の電子配置は周期表の中で最も安定な閉殻構造である。

一方で第 4 周期以降には 3 族から 12 族に分類される元素が現れる。これらは最外殻の s 軌道に 2 個電子が入った状態で内殻(2-2-3 節参照)の d 軌道に 1 個ずつ電子が入る。つまり閉殻していない不完全な内殻構造をもった元素群である。化学的な性質を左右する最外殻の電子配置が同じであるために 3 族から 11 族の同じ周期の元素は性質が似ており，これらの元素を**遷移元素**と呼ぶ。さらに第 6 周期，第 7 周期の 3 族元素は不完全な内殻の f 軌道をもった元素に分類され，第 6 周期のランタン $_{57}$La からルテチウム $_{71}$Lu までの元素グループはランタノイド，第 7 周期のアクチニウム $_{89}$Ac からローレンシウム $_{103}$Lr までの元素グループはアクチノイドとして区別して取り扱われる。

1 族から 2 族，12 族から 18 族の閉殻した内殻をもつ元素を**典型元素**と呼ぶ。12 族の元素は遷移元素に分類されることもあるが，d 軌道が完全に埋まっていることや典型元素の性質を示すことから，典型元素に分類される。

ところで最外殻電子の中でも化学結合に関与する電子のことを特に**価電子**と呼ぶ。1 族から 17 族の元素では最外殻の電子がそのまま価電子と定義される。しかし 18 族元素の最外殻は閉殻構造をとって安定になっているために，これらの最外殻電子の反応性は低く，他の原子と化学結合をつくることはないので，価電子とはみなされていない。よって 18 族の価電子は 0 である。

3-1-2　原子の大きさの周期的な傾向

一般に原子の大きさは，図 3-2 に示したように 2 個の原子が共有結合しているときの原子核どうしの距離から求めた**共有結合半径**で表される[*1]。原子の共有結合半径は，これまでに報告された膨大な物質の構造データを用いて定義されており[*2]，その原子の原子核と最外殻の距離に相当する。原子の大きさ（原子半径）には次のような 2 つの傾向がある（図 3-3）。

＊1

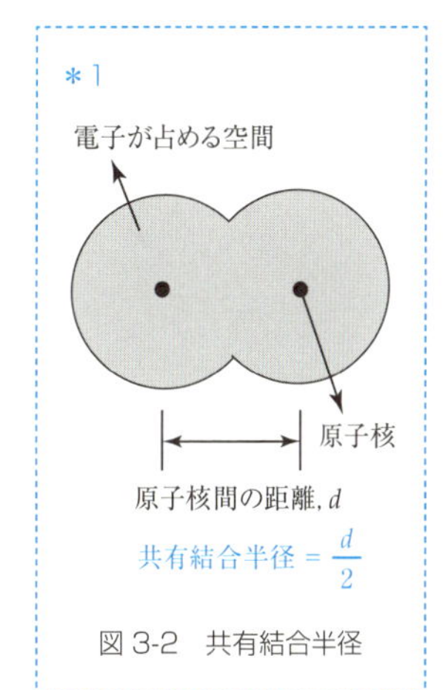

図 3-2　共有結合半径

＊2　ヘリウムやネオンに関しては，これらの元素と化学結合をもつ化合物が発見されていないので，共有結合半径は推測されたものである。

○ 同じ族にある原子のグループであれば，原子番号が大きくなるほど原子半径が大きくなる。

○ 同じ周期にある原子のグループであれば，原子番号が大きくなるほど原子半径が小さくなる傾向がある。

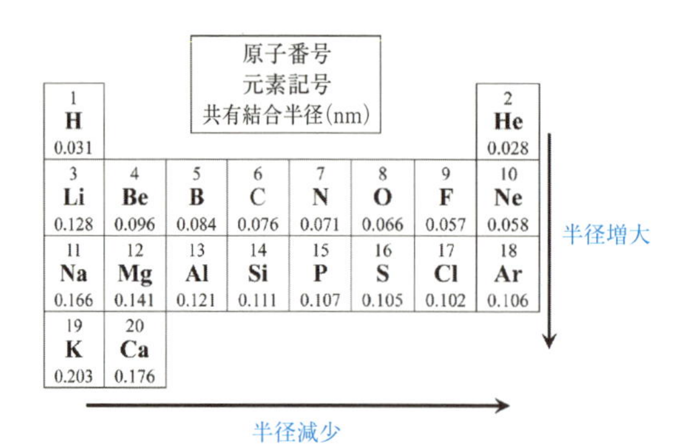

図 3-3　原子番号 20 番までの原子の大きさ

最外殻の主量子数 (n) が増加すると，周期表で下に向うほど最外殻の電子が原子核から遠くに離れて存在することになる。したがって同じ族の原子では原子番号が大きくなると原子半径が大きくなる。また同じ周期の原子では，最外殻の電子軌道は同じでも原子番号が大きくなるにつれて（周期表を右にすすむにつれて），陽子の数が増加するので原子核の正電荷が大きくなり，最外殻に存在する電子を引き付ける力が強くなるために原子半径は減少する傾向がある。

3−1−3　電子のやりとりで原子は安定な構造に(イオンの生成)

18 族の元素グループは**希ガス**という通称で呼ばれ，原子の最外殻は閉殻構造（ns^2np^6）をとり，最も安定な電子配置をもつ。希ガス以外の原子は最外殻の電子配置が不完全であるため，電子を増減させたり，他原子と共有することによって最外殻の電子配置を閉殻構造に変化させて，原子を安定化させようとする。電子を放出したり，取り込んだりした場合には原子は電気的に正電荷や負電荷を帯びることになる。このように電荷を帯びた原子（もしくは原子の集まり）のことを**イオン**と呼ぶ。正に帯電したイオンを**陽イオン**，負に帯電したイオンを**陰イオン**と区別する。特に 18 族に近い電子配置をもつ 1 族，2 族，16 族，17 族の元素は 1～2 個の電子を放出したり，取り込んだりすることにより，原子番号の近い希ガスと同じ閉殻構造になって安定化するので，1 価や 2 価[*3] の陽イオンや陰イオンとして存在することが多い。

＊3　イオンがもつ電荷を価数と呼ぶ。イオンが形成されたときにやり取りされた電子の数が価数に相当する。たとえば電気的に中性の原子から 1 個の電子が放出されると 1 価の陽イオン（X^+ と表す。X は元素記号）が生成し，1 個の電子が取り込まれると 1 価の陰イオン（X^- と表す）が生成する。2 個の電子が関与する場合は 2 価の陽イオンもしくは 2 価の陰イオンとよび，それぞれ X^{2+}，X^{2-} のように元素記号の右上に表記する数字と＋，－の符号でイオンの電荷と価数を示す。

たとえば，1 族のナトリウム Na 原子の最外殻の電子配置は $3s^1$ であり，この電子が抜けて 1 価の陽イオンであるナトリウムイオン Na^+

になると，18 族のネオン Ne 原子と同じ閉殻した電子配置となる（図 3-4）。また 17 族のフッ素 F 原子の場合，最外殻の電子配置は $2s^2 2p^5$ であり，2p 軌道にさらに電子を１個取り込んで１価の陰イオンであるフッ化物イオン F^- を形成し，ネオン Ne 原子と同じ電子配置に変化して安定化する。

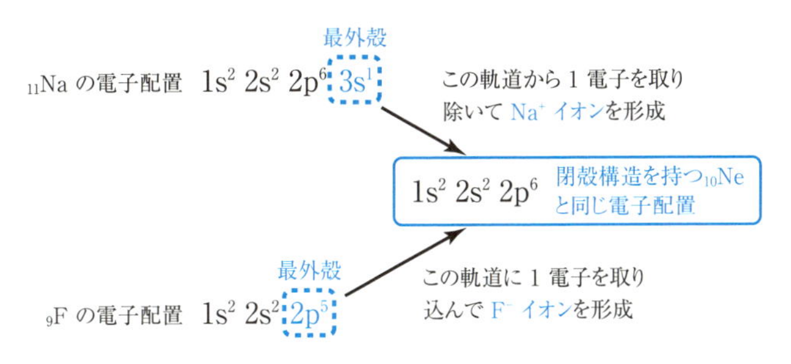

図 3-4　ナトリウムイオンとフッ化物イオンの電子配置

3-1-4　イオンの電子配置

原子が安定な希ガスの電子配置をとるために，電子のやり取りをしてイオン化することを 3-1-3 節に記したが，もう少し詳しく説明することにしよう。

イオン化の際の電子のやりとりは最外殻の電子で行われる。特に陽イオンの形成について鉄 Fe とスズ Sn の例を挙げて説明する。鉄 Fe の電子配置は $[Ar]3d^6 4s^2$ である。ここから２個の電子を取り去って Fe^{2+} イオンとなる場合，最外殻の 4s 軌道の電子を取り去って Fe^{2+} の電子配置は $[Ar]3d^6$ となる。周期表を作成するときのように元素を原子番号順に並べる際には，原子番号が大きくなるにつれて増えていく電子を，軌道のエネルギーが低い順に配置した。その際には 4s 軌道は 3d 軌道よりも外側にある軌道ではあるが，エネルギー的には 3d 軌道よりも低いので先に 4s 軌道に電子が配置された。このルールに従えば，イオン化の際にもこのプロセスを逆行させて，エネルギーの低い 4s 軌道よりも先にエネルギーの高い 3d 軌道から電子が除かれると考えられる。しかし周期表内のように原子番号が大きくなるのに伴って電子数が増えるときには，同時に陽子の数も増加している。一方，イオン化では陽子の数はそのままなのに電子数だけが変化するので，元素を原子番号順に並べるときと同じように電子を取り扱うことはできない。あくまでもイオン化で電子をやり取りする場合には，原子核から一番遠いところにある最外殻の電子が使われる。軌道のエネルギーの順ではなく，軌道の位置（原子核からの距離）の方が優先するのである。鉄 Fe のイオン化の話に戻るが，Fe^{2+}（電子配置 $[Ar]3d^6$）からさらに電子１個を取

り除いて Fe^{3+} になる際には 3d 軌道から電子を抜いて電子配置は $[Ar]3d^5$ となる。

スズ Sn の電子配置は $[Kr]4d^{10}5s^2 5p^2$ である。最外殻には 5s 軌道と 5p 軌道の2種類が存在している。この状態から2個の電子を抜いて Sn^{2+} をつくる際には方位量子数 (ℓ) の大きな軌道から先に電子を取ることになるので，5p 軌道（$\ell = 1$）から電子2個を取り去って電子配置は $[Kr]4d^{10}5s^2$ となる。ここからさらに電子2個を取り去って Sn^{4+} をつくる際には，5s 軌道（$\ell = 0$）の2個の電子が使われて電子配置は $[Kr]4d^{10}$ となる。

陰イオンの形成では新たに取り込まれる電子は，最外殻でまだ閉殻になっていない軌道が優先される。3-1-3 節に記したようにフッ素 F 原子の場合，電子配置は $[He]2s^2 2p^5$ であり，2p 軌道にまだ電子が入る余地があるので，この軌道に電子を1個取り込んで F^-（電子配置は $[Ne]2s^2 2p^6$ となる）を形成する。

3-2 原子核と最外殻の電子との引き合う力

3-2-1 イオン化エネルギーとは

電気的に中性な原子から，最外殻の電子を1個取り除くのに必要なエネルギーを第一イオン化エネルギーという[*4]。この値が大きくなればなるほどその原子は電子を出しにくい，つまり陽イオンになりにくい原子ということになる。第一イオン化エネルギーには次のような周期性がある（図 3-5）。

- 同一周期ではほぼ，原子番号が大きくなるにつれて増加する。最も小さな値をもつのは1族の原子で，最も大きな値をもつのは18族の原子である。

＊4　1個の電子が抜けて陽イオンになった原子から，さらに1個の電子を取り除くために必要なエネルギーのことを第二イオン化エネルギーという。このように段階的に電子をさらに1個ずつ取り除くためのエネルギーを第 n イオン化エネルギーと定義している。第二イオン化エネルギー以降はすでに正電荷を帯びている原子から，さらに負電荷を帯びている電子をクーロン引力に逆らって引き抜くことになるので，数字 (n) が大きくなるにつれてイオン化エネルギーは増加する。特に閉殻構造になった電子配置から，電子を引き抜くことになる場合には，飛躍的に大きな値をとる。

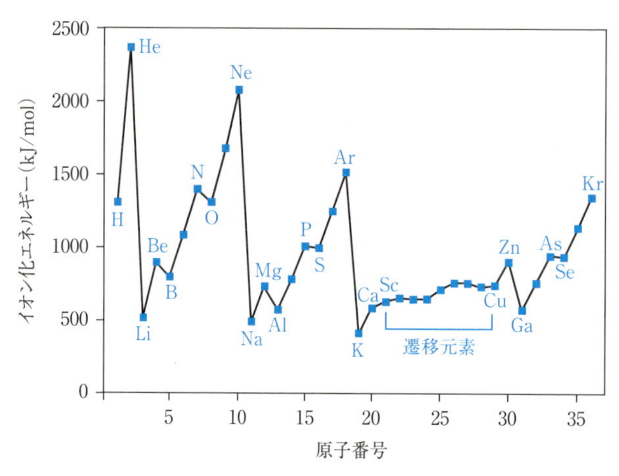

図 3-5　第一イオン化エネルギー

- 同一族では原子番号が大きくなるにつれて，イオン化エネルギーは減少する。

前述したナトリウム Na のように 1 族の原子の最外殻から電子を引き抜くと，閉殻構造をもつ電子配置となって非常に安定な状態になる。一方で 18 族の原子は安定な閉殻構造を破壊して電子を引き抜くことになるので，イオン化エネルギーは大きくなる。またイオン化エネルギーは第 2 周期と第 3 周期では必ずしも単調に増加するわけではない。第 2 周期ではベリリウム Be からホウ素 B へ，また窒素 N から酸素 O へはわずかに減少する。これは最外殻の電子配置に原因がある。ベリリウム Be とホウ素 B の場合，最外殻の電子配置はそれぞれ $2s^2$ と $2s^22p^1$ である。これらの最外殻から電子を引き抜く場合，ホウ素は 2p 軌道から電子を引き抜いて 2s 軌道が安定な閉殻構造になるが，ベリリウムの場合には，閉殻状態の 2s 軌道から電子を引き抜くことになるので，必要なエネルギーが大きくなる。

窒素 N と酸素 O の場合，最外殻の電子配置は図 3-6 のようになっている*5。窒素の 2p 軌道は 3 個の電子がすべて異なる 2p 軌道に入った準安定（亜閉殻）構造になっており，この状態から電子を引き抜くことは安定な状態を壊すことになる。これに対して酸素の 2p 軌道は対になっている軌道から電子を引き抜くことによって，亜閉殻の電子配置をとることができて安定になるため，このような不規則なイオン化エネルギーの変化が起きる。第 3 周期におけるマグネシウム Mg（$3s^2$）からアルミニウム Al（$3s^23p^1$），リン P（$3s^23p^3$）から硫黄 S（$3s^23p^4$）への不規則な変化も第 2 周期の場合と同様に説明できる。また，遷移元素のイオン化エネルギーの変化は，同一周期でも典型元素と比べて緩やかである。これは遷移元素は原子番号が増加するにつれて内殻の軌道が順次埋まっていく元素群であり，電子を引き抜く最外殻の電子配置はほとんどの場合が ns^2 のままで変化しないためである。

*5

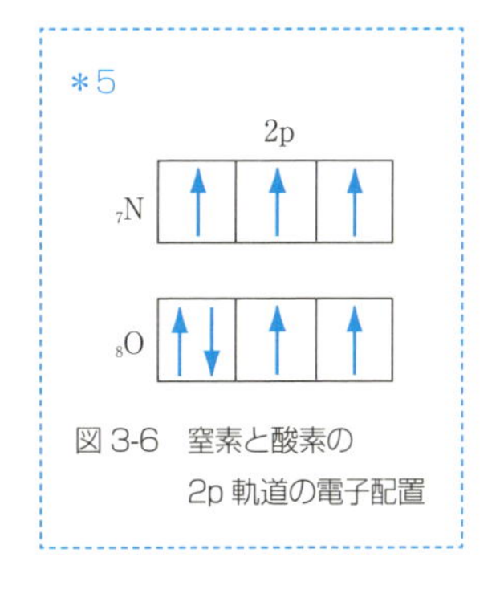

図 3-6　窒素と酸素の 2p 軌道の電子配置

同一族では最外殻の電子配置は同じである。しかし最外殻の電子と原子核との距離は原子番号とともに増加するので，最外殻の電子と原子核との引力が減少し，同一族では原子番号が増えるにつれて電子を引き抜くためのエネルギーは小さくなる。

3-2-2　電子親和力とは

電気的に中性な原子に電子 1 個を取り込ませたときに，放出されるエネルギーを電子親和力と呼び*6，電子親和力が大きな原子ほど，電子を取り込んで陰イオンになりやすい（図 3-7）。電子親和力の大きさは前

*6　電子のやり取りにおいて，イオン化エネルギーが**必要なエネルギー**，つまり吸収するエネルギーと定義されているのに対して，電子親和力が**放出するエネルギー**と定義されており，逆向きのエネルギーであることに注意が必要である。

述したイオン化エネルギーに比べて1桁小さな値である。これは陽子数と電子数が等しく，電気的に中性な原子にさらに電子が接近しても大きな反発や引力を受けないためである。

イオン化エネルギーのようなはっきりとした周期性はないが，17 族の原子の電子親和力は他の原子よりも明らかに大きい。これは 17 族の原子の最外殻の電子配置は ns^2np^5 であり，p 軌道にさらに電子が入ると閉殻構造となって安定な電子配置になるためである。これに対して 18 族の原子の電子親和力は負の値をもつ。つまり電子を取り込ませるためにエネルギーが必要になることを表す。これは安定な閉殻構造をもつ 18 族の原子にさらに電子を加えることは，原子を不安定にするためであり，イオン化エネルギーの場合と同様に 18 族元素の電子配置の安定性の高さに起因するものである。

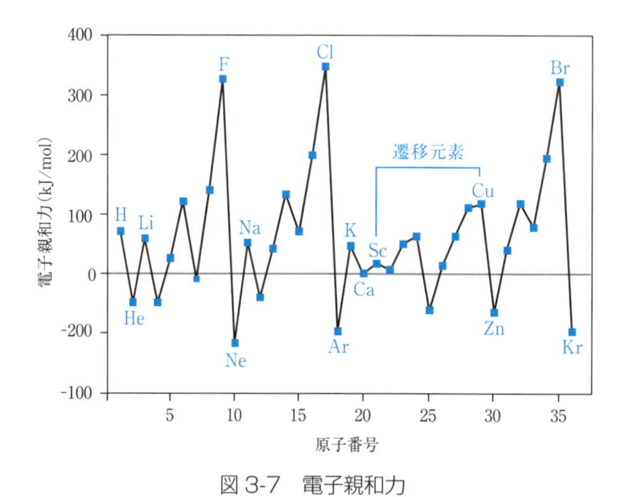

図 3-7　電子親和力

3-2-3　電気陰性度とは

イオン化エネルギーや電子親和力は，1つの原子が電子をやり取りする性質を実際の数値で評価するものであった。これに対して2個以上の原子が関与して化学結合をつくるとき，それぞれの原子がどれほどの電子を引きよせる力（特に共有電子対を引きよせる力）をもっているのかが，化学結合に影響を与えることがわかってきた[*7]。そこで各元素の電子を引きよせる力を**電気陰性度**として評価するようになった。

電気陰性度は定量化が難しく，これまでに定量化のために様々な試みが行われてきた[*8]。以下に一般的によく使われている L. C. Pauling（ポーリング）によって定義された電気陰性度の値を示す（表 3-1）。ポーリングは化学結合する原子間の結合エネルギーや解離エネルギーなど，実験的な熱力学的データをもとに経験的に電気陰性度を定義した。18 族の原子は他の元素と化学結合を作りにくいので，電気陰性度の値は定義されていな

*7　化学結合については第4章で説明する。

*8　L. C. Pauling（1901-1994，1954 年 ノーベル化学賞受賞）が定義した電気陰性度の値が最も広く使われているが，それ以外では A. L. Allred（オールレッド）（1931-）とE. G. Rochow（ロコウ）（1909-2002）による原子核が価電子に及ぼす静電的な力として提案した電気陰性度の値や，R. S. Mulliken（マリケン）（1896-1986，1966 年　ノーベル化学賞受賞）によるイオン化エネルギーと電子親和力の平均値を電気陰性度として定義した値がある。それぞれの値は完全に一致することはないが，原子の電気陰性度の傾向はいずれも同じように示されている。

い。電気陰性度は単位をもたない相対的な数値である。

表 3-1　電気陰性度

H 2.2						
Li 1.0	**Be** 1.6	**B** 2.0	**C** 2.6	**N** 3.0	**O** 3.4	**F** 4.0
Na 0.9	**Mg** 1.3	**Al** 1.6	**Si** 1.9	**P** 2.2	**S** 2.6	**Cl** 3.2
K 0.8	**Ca** 1.0	**Ga** 1.8	**Ge** 2.0	**As** 2.2	**Se** 2.6	**Br** 3.0

同一周期では原子番号の増加につれて大きくなり，同一族では原子番号と共に小さくなる，という周期的な傾向がある。フッ素 F の電気陰性度が 4.0 と最も高く，次いで酸素 O の値（3.4）が大きい。

前述したように，電気陰性度は化学結合を評価するのに便利な値である。電気陰性度の差が大きな原子間の化学結合はイオン結合性が高くなり，差が小さければ共有結合性が高くなる[*9]。共有結合している場合でも，原子間の電気陰性度の差があれば電子（共有電子対）は電気陰性度の大きな原子に若干，引き付けられている。そのため電気陰性度の大きな原子はわずかに負電荷を帯び，その反動で電気陰性度の小さな原子はわずかに正電荷を帯びた状態になる。たとえば，塩化水素 HCl は水素 H と塩素 Cl が結合（共有結合）した分子であるが，水素の電気陰性度が 2.2 であるのに対して塩素は 3.2 であり，塩素のほうが値が大きい，つまり電子を引きつける力が強いので，塩素原子が少し負電荷を帯び，水素原子が少し正電荷を帯びている。このように分子内で電荷の偏りがある分子を**極性分子**と呼ぶ。分子内での電荷の偏りは図 3-8 に示したように，分子に記号を付けて表す。わずかに負電荷を帯びている原子のそばに“δ -”を，わずかに正電荷を帯びている原子のそばには“δ +”を置く。δはギリシア文字で「デルタ」と読む。

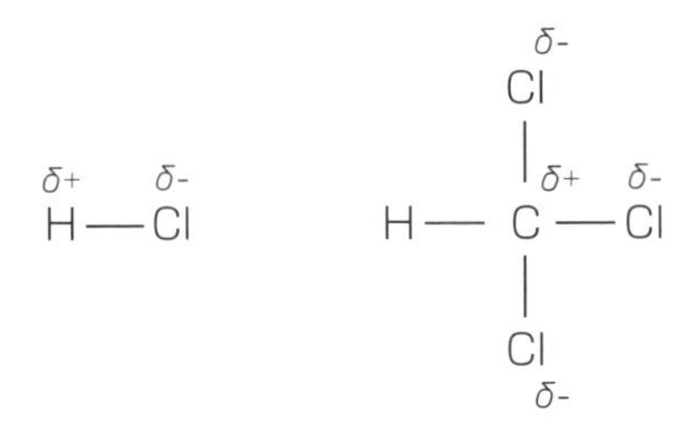

図 3-8　極性分子の表記法

＊9　共有結合やイオン結合に関しては第 4 章に詳細を記す。実際には，化学結合において共有結合とイオン結合ははっきり区別されるものではない。塩素分子 Cl_2 のように同じ種類の原子による共有結合では電子対を完全に均等に共有しているが，塩化水素 HCl 分子のように，結合している原子間で電気陰性度の差が大きいと，塩素原子に電子が完全に引きつけられて Cl^- イオンと H^+ イオンになるわけではないが，電子対は塩素原子側により強く引き寄せられて共有結合していることになる。なお，このような結合のことを特に**極性共有結合**という。

一方でイオン結合している塩化ナトリウム NaCl においては塩素原子が完全に電子対を引きつけて，Cl^- イオンと Na^+ イオンを形成し，これらが静電的な力（クーロン力）によって結合している。クーロン力については 3-2-4 節の欄外を参照。

3-2-4　水素結合とは

電気陰性度が非常に大きいフッ素原子 F，酸素原子 O，窒素原子 N のいずれかと水素原子 H との結合が分子内にある場合，分子内に大きな電荷の偏りのある極性分子となり，**水素結合**と呼ばれる比較的強い引力が分子間に生じる。水素結合は分子内で部分的に負電荷を帯びている原子（フッ素原子 F，酸素原子 O，窒素原子 N）と，隣にある分子の中で正電荷を帯びている原子（水素原子 H）との間に働くクーロン力[*10]で作られている（図 3-9）。

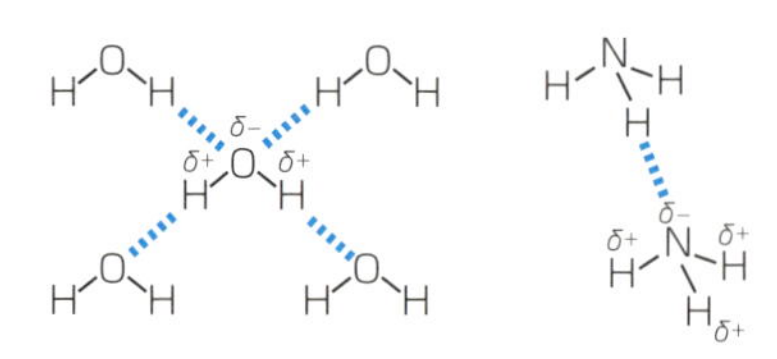

図 3-9　水素結合の例

水素結合は分子内で原子どうしを結ぶ共有結合[*11]の 10 分の 1 程度の強さであり，共有結合よりも緩やかな結合であるが他の分子間力と比べればかなり強い。そのため水素結合が形成されることによって物質には様々な影響が生じる。その 1 つに水素結合をもつ物質の高い融点と沸点がある。一般に分子量[*12]が大きくなるにつれて融点と沸点は高くなる傾向があるが，水素結合をもつ分子の融点と沸点はその分子量から予想される温度よりもかなり高い。そのなかでも水分子 H_2O は酸素原子 O に 2 組の非共有電子対[*13]と 2 個の水素原子 H をもつため，水素結合の効果は特に大きい。水の沸点は水素結合が全くないものとして，分子量だけから予想すると約 −70 ℃となる。実際の沸点は 100 ℃であることから，水分子の水素結合の効果の大きさがわかる。沸点で液体状態の分子はその熱運動を激しくし，また隣接する分子間に働く引力を断ち切って気体状態の分子に変化する。水分子の場合には隣接する水分子間に働く強い水素結合を断ち切って，個々の水分子が互いにばらばらになる気体状態にしなければならないため，大きなエネルギーが必要となり 100 ℃という高い沸点を示す。水素結合の影響による水の特異性は沸点以外の物性にも現れている［第 4 章「**発展／コラム**」参照］。

また水素結合は DNA（デオキシリボ核酸）[*14]のような大きな生体分子の形を安定化する上でも重要な役割を果たしている。DNA には塩基と呼ばれる部分があり，塩基にはアデニン，グアニン，チミン，シトシ

＊10　2 つの荷電粒子間に働く力。同じ符号の電荷を帯びている粒子どうしは反発力が働き，異なる符号の電荷を帯びている粒子どうしであれば引力として働く。静電力ともいう。

＊11　共有結合については第 4 章で説明する。

＊12　第 5 章参照。

＊13　非共有電子対については第 4 章で説明する。

＊14　DNA は生物の遺伝情報を継承・発現させる生体物質であり，多数のヌクレオチドが連結したポリヌクレオチドである。ヌクレオチドは図 3-11 に示したようにリン酸，糖，塩基の部位で構成されている。

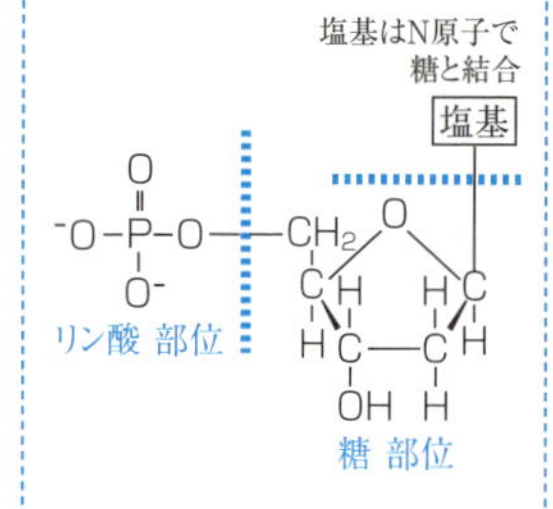

図 3-11　ヌクレオチドの構造
DNA はヌクレオチドのリン酸部位と別のヌクレオチドの糖の部位が縮合反応して形成したポリヌクレオチドである。

ンの４種類が存在する。これらの塩基は図 3-10 に示したように水素原子 H と酸素原子 O や窒素原子 N との間に水素結合を形成する。

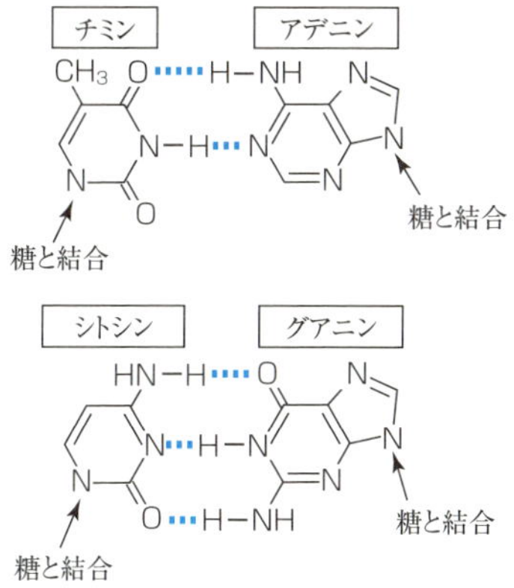

図 3-10　DNA におけるアデニンとチミン，およびグアニンとシトシンの水素結合
（共有結合は実線で，水素結合は青色の点線で示す。）

非常に興味深いことに水素結合する塩基の組み合わせは必ず，アデニンとチミンが対となり，グアニンとシトシンが対をなす。このようにそれぞれの塩基が特定の塩基と水素結合することで，DNA は正確な遺伝情報を伝達する。またこの絡み合った２本の DNA は図 3-12 に示したように水素結合した塩基部分を内側にして二重らせん構造を作っている。

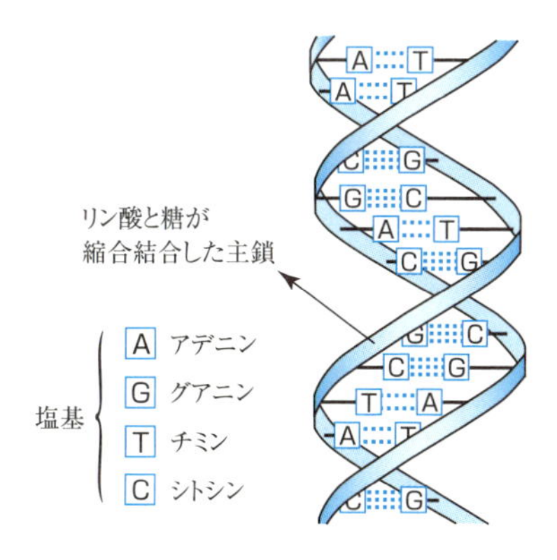

図 3-12　DNA の二重らせん構造
（塩基と主鎖の結合を黒色の太い実線で，塩基どうしの水素結合を青色の点線で示す。）

塩基は疎水性[*15]であり，水分子と接すると不安定な状態となる。隣接する DNA の塩基どうしが水素結合し，さらに図 3-12 のような二重らせん構造を形成することで塩基付近から水が排除され，DNA は安定な状態を保つことが可能になっている。このように水素結合は生体内のプロセスにおいても重要な役割を果たしている。

＊15　水と混ざりにくい性質のこと。反対の意味の言葉，つまり水と混ざりやすい性質を親水性という（11-6 節参照）。

「コラム／発展」

強力な永久磁石をつくる希土類元素（レア・アース）

周期表でひときわ目立つ元素に，表からはみ出した 3 族元素である原子番号 57（ランタン La）から原子番号 71（ルテチウム Lu）のランタノイドと呼ばれる元素グループと原子番号 89（アクチニウム Ac）から原子番号 103（ローレンシウム Lr）のアクチノイドと呼ばれる元素グループがある（図 3-1）。3 族元素のうち，特にスカンジウム $_{21}Sc$ とイットリウム $_{39}Y$ の 2 元素とランタノイドの 15 元素を合わせた 17 元素を希土類元素（レア・アース）と呼ぶ。図 3-13 に示したようにランタノイドの 15 元素の多くは内殻の 4f 軌道が不完全充填のまま（$_{70}Yb$ と $_{71}Lu$ に関しては完全充填），その外側の 5s 軌道や 5p 軌道に電子が充填され[*16]，最外殻電子は 6s 軌道に存在する。つまり 4f 軌道は外側から二番目まで内側に入った軌道であり，4f 軌道の電子が外部から受ける影響は小さい。

	1s～4d	4f							5s5p	5d	6s
$_{57}La$	:[Xe]								[Xe]	↑	↑↓
$_{58}Ce$	:[Xe]	↑							[Xe]	↑	↑↓
$_{59}Pr$	:[Xe]	↑	↑	↑					[Xe]		↑↓
$_{60}Nd$	:[Xe]	↑	↑	↑	↑				[Xe]		↑↓
$_{61}Pm$	:[Xe]	↑	↑	↑	↑	↑			[Xe]		↑↓
$_{62}Sm$	:[Xe]	↑	↑	↑	↑	↑	↑		[Xe]		↑↓
$_{63}Eu$	:[Xe]	↑	↑	↑	↑	↑	↑	↑	[Xe]		↑↓
$_{64}Gd$	:[Xe]	↑	↑	↑	↑	↑	↑	↑	[Xe]	↑	↑↓
$_{65}Tb$	:[Xe]	↑↓	↑↓	↑	↑	↑	↑	↑	[Xe]		↑↓
$_{66}Dy$	:[Xe]	↑↓	↑↓	↑↓	↑	↑	↑	↑	[Xe]		↑↓
$_{67}Ho$	:[Xe]	↑↓	↑↓	↑↓	↑↓	↑	↑	↑	[Xe]		↑↓
$_{68}Er$	:[Xe]	↑↓	↑↓	↑↓	↑↓	↑↓	↑	↑	[Xe]		↑↓
$_{69}Tm$	:[Xe]	↑↓	↑↓	↑↓	↑↓	↑↓	↑↓	↑	[Xe]		↑↓
$_{70}Yb$	:[Xe]	↑↓	↑↓	↑↓	↑↓	↑↓	↑↓	↑↓	[Xe]		↑↓
$_{71}Lu$	:[Xe]	↑↓	↑↓	↑↓	↑↓	↑↓	↑↓	↑↓	[Xe]	↑	↑↓

図 3-13　ランタノイドの電子配置[*17]

このような 4f 軌道の電子の状態は希土類元素の磁気的な性質や分光学的な性質に直接影響を与え，永久磁石や発光材料に応用されている。ここでは希土類元素の磁石としての利用について紹介する。

希土類元素を用いた磁石は強力で，ネオジム磁石（$Nd_2Fe_{14}B$）やサマコバ磁石（$SmCo_5$，Sm_2Co_{17}）などがある。特にネオジム磁石は史上最強の磁石であり，ハイブリッド自動車用のモーターや携帯電話の超小型振動モーター，ハードディスクのヘッドを動かすモーターなどに使われている。

＊16　2-2-3 節参照。

＊17　キセノン Xe の電子配置は $[Kr]4d^{10}5s^25p^6$ である。ランタノイド元素の内殻の電子配置はこれと一致するので図 3-13 のような表記となった。

電子は自転（電子スピン）によって磁石の性質をあらわし，その磁場の方向は自転の向きで決まる*18。１つの電子軌道に２個の電子が入ると，電子は互いの磁場の方向が反対（自転方向が逆向き）になるように電子対を作るので磁石の性質は打ち消されてしまう。そのため１つの電子軌道に１個だけ電子が入っている不対電子の状態でないとその原子は磁石の性質を示さない。また“物質”にはたった１個の原子があるのではなく，大量の原子が含まれる。それぞれの原子が不対電子をもっていても，隣接する原子どうしがお互いに不対電子のスピンが逆向きになるように配列すると“物質”全体としては磁石として働かなくなってしまう。“物質”が磁石として働くためにはその中に含まれているすべての原子の不対電子のスピンが同じ方向になるように配列される必要がある。鉄 Fe やコバルト Co は自発的に隣どうしの原子間でお互いの不対電子のスピン方向を揃えて強い磁石を作る力（**交換相互作用**）をもっている。

ネオジム磁石（$Nd_2Fe_{14}B$）は鉄 Fe を主成分として希土類元素のネオジウム Nd をわずかに含み，サマコバ磁石（$SmCo_5$，Sm_2Co_{17}）はコバルト Co を主成分として，わずかに希土類元素のサマリウム Sm を含む。図 3-13 でサマリウムとネオジウムの 4f 軌道の電子配置，図 2-14 でコバルトの 3d 軌道の電子配置を確認してほしい。どちらも不対電子をもつ不完全充填の内殻軌道であるが，鉄とコバルトの 3d 軌道は最外殻のすぐそばにあるので外部の影響を受けやすいことがわかるだろう。そのために交換相互作用の強い鉄やコバルトだけで磁石を作っても外部のちょっとした変化で簡単に電子スピンは反転し，磁石の性質は失われてしまう。しかし外部からの影響をほとんど受けない 4f 軌道に不対電子をもつネオジウムやサマリウムをほんのわずか加えることによって鉄やコバルトはその影響を強く受けて，外部の環境が変わっても不対電子のスピン方向が揃った強い磁石の状態を保つことができるようになる。

最近ではネオジム磁石の熱に弱い性質を改善するために，さらにジスプロシウム Dy を加えた磁石の開発も進んでいる。

参考

足立吟也 編著，『希土類の科学』，化学同人

*18　図 2-12 参照。

演習問題

1．2族の原子[*19]は2価の陽イオンになりやすい。その理由を説明せよ。

2．18族の原子は陽イオンにも陰イオンにもなりにくい。その理由を説明せよ。

3．例にならって次のイオンの電子配置を書け。
例）Li^{+}：$1s^2$
（1）Mg^{2+}　（2）Cl^{-}　（3）K^{+}　（4）Co^{2+}　（5）Cr^{3+}

4．フッ化水素HFの沸点は19.5 ℃であり，これは分子量から推測される温度よりも70 ℃以上も高い。このようにフッ化水素HFの沸点が高温になる理由を述べよ。

＊19 Ca，Sr，Ba，Raはアルカリ土類金属と呼ばれる。

第４章　化学結合

4-1　化学結合の種類

２個以上の原子やイオンが強く結びついているとき，それらの原子(イオン）間には化学結合が存在している。化学結合には**共有結合**，**金属結合**，**イオン結合**の３種類がある。共有結合は原子間で電子対を共有することで結合が作られている。金属結合は複数の原子間を比較的自由に動き回る電子によって結びつけられ，イオン結合は正に帯電した陽イオンと負に帯電した陰イオンが静電的な引力で結びついているものである。このような化学結合の方法の違いが，物質の性質の違いに大きく関係している。

4-2　オクテット則と電子式

化学結合に関与する電子は，ほとんどの原子において最外殻の電子である。第３章の周期表に示したように，すべての原子の最外殻の電子はｓ軌道とｐ軌道の電子で構成されており，18 族原子（希ガス）の電子配置は ns^2np^6 の閉殻構造，つまり最外殻に８個の電子が存在する電子配置をもつ[*1]。原子は最外殻の電子を増減させたり，共有したりすることで，原子番号の近い希ガスと同じ電子配置をとって安定になろうとする傾向がある。このような事実から，化学結合を理解するために**原子は電子を放出や獲得，共有することで最外殻の電子数を最大収容数の８個に揃えようとする**，という**オクテット則**（八電子則）が提唱された。このオクテット則を視覚的にわかりやすく表現したものが**電子式**である。電子式は元素記号と最外殻に存在する電子を表す黒点“•”を組み合わせたものである。いくつかの原子の電子式を図 4-1 に示した。窒素Ｎの電子配置は [He]$2s^22p^3$ であり，最外殻電子は５個存在する。最外殻電子を表す黒点は元素記号の四方（上下左右）におき，一辺に最大で２個まで置くことができる。四方はいずれも等価であり，電子は可能な限り分散するように配置するために，４個目まではすべての辺に１個ずつ黒点を配置して，５個目からは黒点が一辺に２個ずつの対になるように置く。

＊1　ヘリウム He は $1s^2$ の電子配置をもつので，最外殻に存在する電子は２個である。

He : $1s^2$　C : [He]$2s^22p^2$　N : [He]$2s^22p^3$

He:　·C·　·N·

図 4-1　電子式の表記法

4-3　共有結合

4-3-1　電子式による共有結合の表記法

共有結合は2個の原子が最外殻の電子対を共有することによって，それぞれの原子が希ガスの電子配置をとって安定化する結合である。水素分子 H_2 は共有結合をもつ最も単純な2原子分子であるので，水素分子を例にして共有結合を説明する。図 4-2 [*2] のように2個の水素原子が近づくと正電荷をもつ原子核どうしや負電荷をもつ電子どうしは反発するものの，電子は両方の原子核に引きつけられる。実際に量子力学に基づいて水素分子中の電子密度を計算すると，電子は両方の原子核の間に集まっていることがわかる。つまり水素分子では静電的な反発よりも引力の方が優先して安定な分子が形作られている。このような共有結合をもつ分子の形成は図 4-3 のように電子式で表すことが可能である。それぞれの水素原子は互いの電子を共有することで，どちらも希ガス構造をもつヘリウム He 原子と同じ電子配置となり，安定化することができる。

2個の塩素 Cl 原子の共有結合形成に関しても同様に表記することができ，電子対を共有することによって両方の塩素原子ともにオクテット則を満たして希ガスであるアルゴン Ar 原子と同じ電子配置となる。結合で共有される電子対を**共有電子対**と呼び，通常は一組の共有電子対を一本の直線“—”で表す。また共有されていない電子対を**非共有電子対**もしくは**孤立電子対**と呼ぶ[*3]。

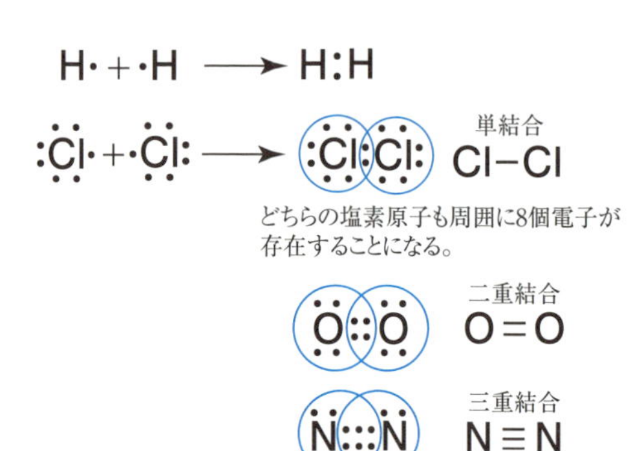

図 4-3　電子式で表した共有結合

＊2

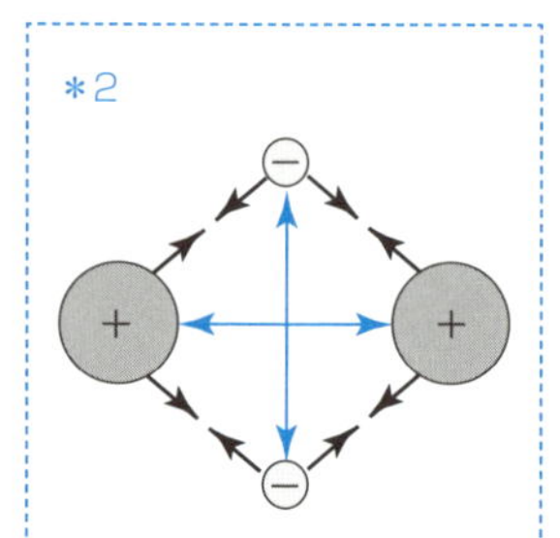

図 4-2　水素分子の形成
原子核どうし，電子どうしは反発し，原子核と電子は引きつけ合う。

＊3

図 4-4

原子は複数の電子対を共有してオクテット則を満たすこともできる。このようにしてできる結合を**多重結合**という。水素分子 H_2 や塩素分子 Cl_2 は一組の共有電子対を共有して**単結合**となるが，酸素分子 O_2 は二組の電子対を共有して**二重結合**を形成し，窒素分子 N_2 は三組の電子対を共有して**三重結合**を作る。二酸化炭素 CO_2 のような３原子以上の原子を含む分子でも，各原子がオクテット則を満たすように電子対を共有して結合をつくる。電子式を使って表記することで，共有結合の様子をわかりやすく表現することができる。

4-3-2　原子価殻電子対反発（VSEPR）モデル

電子式は共有結合の種類と数を推測するのに有用な手法ではあるが，実は分子の形などは示されない。また s 軌道，p 軌道にのみ電子が配置された原子番号 20 までの原子で構成される分子にはよく成り立つが，オクテット則では説明できない分子も多い。そこで原子周りの電子の存在領域を考慮して分子の形を推測する原子価殻電子対反発モデル（VSEPR モデル，valence shell electron pair repulsion model）が提案された。VSEPR モデルは，原子周りに存在する共有電子対や孤立電子対などの電子密度が高い領域は，互いの静電的な反発を避けるようにできるだけ遠くに配置される，という考えをもとにしている。

図 4-5 にメタン CH_4，アンモニア NH_3，水 H_2O の形状を VSEPR モデルで示す。これらの分子は電子式で示すことも可能であり，いずれも４箇所の高電子密度領域が存在することがわかっている。VSEPR モデルの考え方によれば，１個の原子の周囲に４箇所の高電子密度領域が存在する場合，空間的に最もお互いが離れる配置は正四面体構造になる。４箇所の高電子密度領域は，メタンの炭素原子 C の場合にはすべてが共有電子対，アンモニアの窒素原子 N の場合には３箇所の共有電子対と１箇所の非共有電子対，水の酸素原子 O は２箇所の共有電子対と２箇所の非共有電子対で構成されている。図に示したように，いずれの分子もそれぞれ炭素原子 C，窒素原子 N，酸素原子 O を中心とした四面体構造を基本にしている。結果としてメタン分子の形状は正四面体構造をとり，アンモニアは三角錐，水は折れ線型の構造となる（1-4 節参照）。

ただし，それぞれの結合角はわずかに異なっている。メタンの H—C—H 結合角は 109.5 °で正四面体構造と一致した角度であるのに対して，アンモニアの H—N—H 結合角は 107 °，水の H—O—H 結合角は 104.5 °であり，非共有電子対の数が増えるにつれて結合角が小さくなっている。共有電子対が２つの原子核に引き付けられているのに対して，非共有電子対は一方の原子核のみに引っ張られており（弱く引きつけられているため），電子の存在領域が共有電子対の領域よりも広がることになる。そのため非共有電子対の他の高電子密度領域への反発は大きくなり，その反動で共有電子対に由来する結合角が小さくなる。電子対の静電的な反発の大きさは次のような順になっている。

非共有電子対同士の反発 > 非共有電子対と共有電子対の反発
> 共有電子対同士の反発

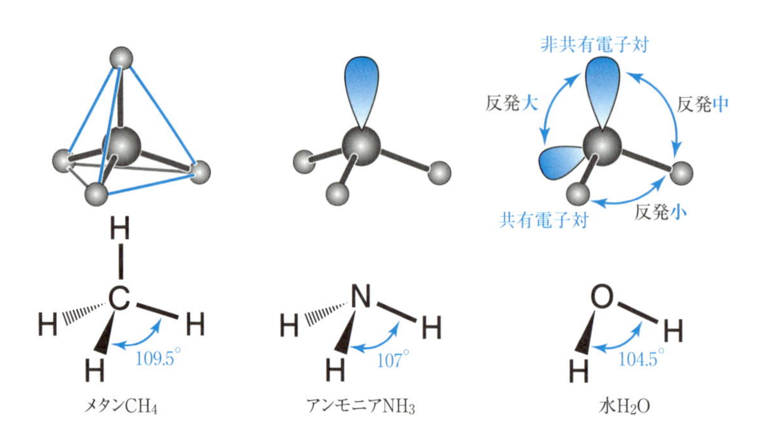

図 4-5 メタン CH_4，アンモニア NH_3，水 H_2O の構造

4-3-3 混成軌道とは

電子式は原子間の最外殻電子の共有による結合状態を理解するのに有効な手法ではあるが，量子力学によって明らかにされた電子軌道との関連は示されていない。この問題を解決したのが**原子価結合理論**である。この理論では結合する原子の最外殻の電子軌道が重なり，互いの**スピンの向きが逆方向の2個の電子が重なった軌道に存在**することによって共有結合が形成されるとする。図 4-6 に示したように水素分子 H_2 の場合は 1s 軌道どうしが重なり，塩素分子 Cl_2 の場合は不対電子をもつ 3p 軌道どうしが重なって共有結合を形成する。塩素原子 Cl には他に 2つの 3p 軌道が存在するが，これらにはすでに2個の電子が配置されているので新たに電子が入って他の原子と結合を作ることはない。

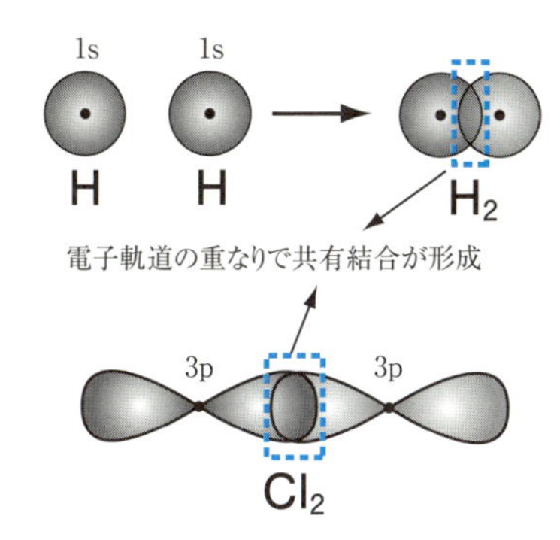

図 4-6　原子軌道の重なりによる水素分子と塩素分子の共有結合

一方で VSEPR モデルは共有結合をもつ分子の形状を推定するのに有力であったが，推定される分子の形は s 軌道や d 軌道の形とは大きく異なっており，また原子間の結合については説明できない。そこで VSEPR モデルを発展させて共有結合をもつ分子の中心原子の複数の電子軌道が混ざり合って，新たに**混成軌道**をつくるという考えが示された。混成軌道の概念によって最もよく説明できるのは炭素 C と水素 H の共有結合で作られる炭化水素化合物である。

そこで炭素 C の混成軌道について説明する。炭素 C の最外殻には 1 つの 2s 軌道と 3 つの 2p 軌道が存在し，これらの軌道が混成して **sp^3 混成軌道**，**sp^2 混成軌道**，**sp 混成軌道**が作られる。

sp^3 混成では 1 つの 2s 軌道と 3 つの 2p 軌道が混成して，4 つの sp^3 混成軌道が形成される。4 つの sp^3 混成軌道は互いの静電的な反発を避けるように配置されるので正四面体構造をとる。メタン CH_4 分子中の炭素原子 C は 4 つの sp^3 混成軌道をもち，すべての sp^3 混成軌道がそれぞれ水素原子 H の 1s 軌道と重なって電子対を共有している。そのためメタンの構造は正四面体になっている（図 4-7）。

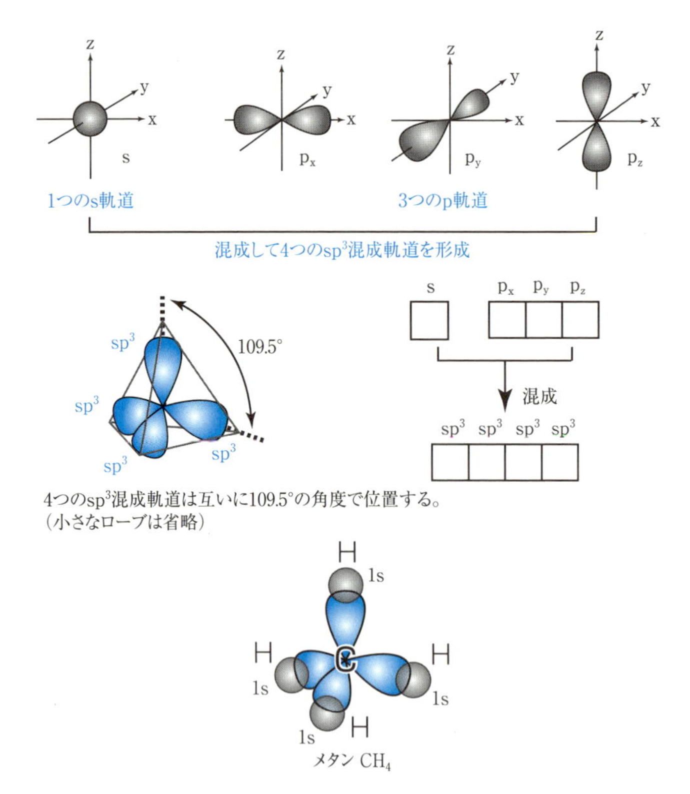

図 4-7　sp^3 混成軌道とメタン CH_4 の結合

sp^2 混成では1つの 2s 軌道と2つの 2p 軌道が混成して3つの sp^2 混成軌道が形成される。混成に関与しない1つの 2p 軌道はそのままの状態を保っている。図 4-8 に示したように3つの sp^2 混成軌道は同一平面上で正三角形を形成するように配置する。sp^2 混成軌道をもつ分子の1つにエチレン C_2H_4 がある。エチレン中の2つの炭素原子 C はいずれも3つの sp^2 混成軌道をもち，1つの sp^2 混成軌道は炭素原子どうしで重なって電子対を共有し，残りの2つの sp^2 混成軌道はそれぞれ水素原子 H の 1s 軌道と重なって電子対を共有して結合をつくる。sp^2 混成軌道をもつ原子の場合，混成に関わっていない 2p 軌道は sp^2 混成軌道が作る平面と垂直をなす方向に軌道をもっている（図 4-8）。エチレン中の2つの炭素原子は，この 2p 軌道どうしも重なりあって電子対を共有して結合をつくる。つまり sp^2 混成軌道による結合と 2p 軌道による結合の2つの結合，二重結合をもつ。共有結合において2つの原子核を結ぶ軸上で軌道が重なることでできる結合を**σ結合**（シグマ）と呼び，p 軌道どうしが重なってできるような原子核を結ぶ軸上に重なりをもたずにできる結合を**π結合**（パイ）と呼ぶ[*4]。エチレンの炭素原子の二重結合は1つのσ結合と1つのπ結合から成立している。π結合の軌道の重なりは十分でないためにσ結合に比べると弱い結合である。

*4　π電子（π結合の電子）は混成軌道に関与せず，非共有電子対は混成軌道に関与することに注意しよう。

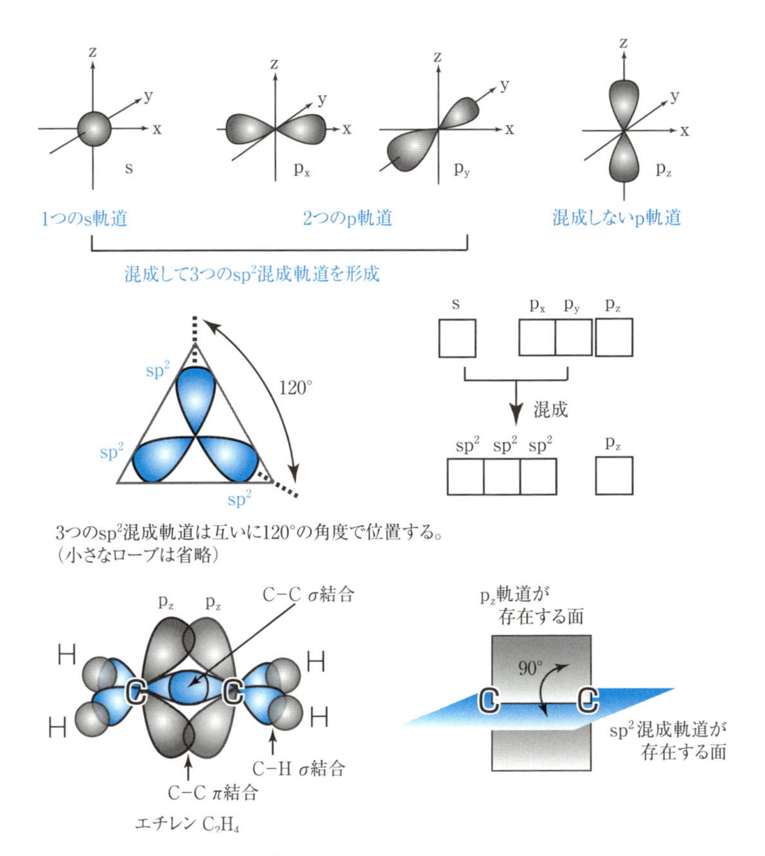

図 4-8　sp^2 混成軌道とエチレン C_2H_4 の結合

sp 混成の場合には１つの 2s 軌道と１つの 2p 軌道が混成して２つの sp 混成軌道が形成される。混成しない２つの 2p 軌道はもとの状態のままにある。２つの sp 混成軌道は直線をなすように配置する。sp 混成軌道をもつ分子の例としてアセチレン C_2H_2 を図 4-9 に示す。アセチレン C_2H_2 の共有結合の環境はエチレン C_2H_4 に近く，アセチレン中の２個の炭素原子 C どうしはそれぞれの sp 混成軌道を重ねて σ 結合し，残りの１つの sp 混成軌道で水素原子 H の 1s 軌道と σ 結合している。炭素原子中に混成せずに残っている２つの p 軌道はそれぞれが π 結合しているので，アセチレン中の炭素原子は１つの σ 結合と２つの π 結合で三重結合を形成している。

このように混成軌道の概念によって多重結合についても説明することが可能である。

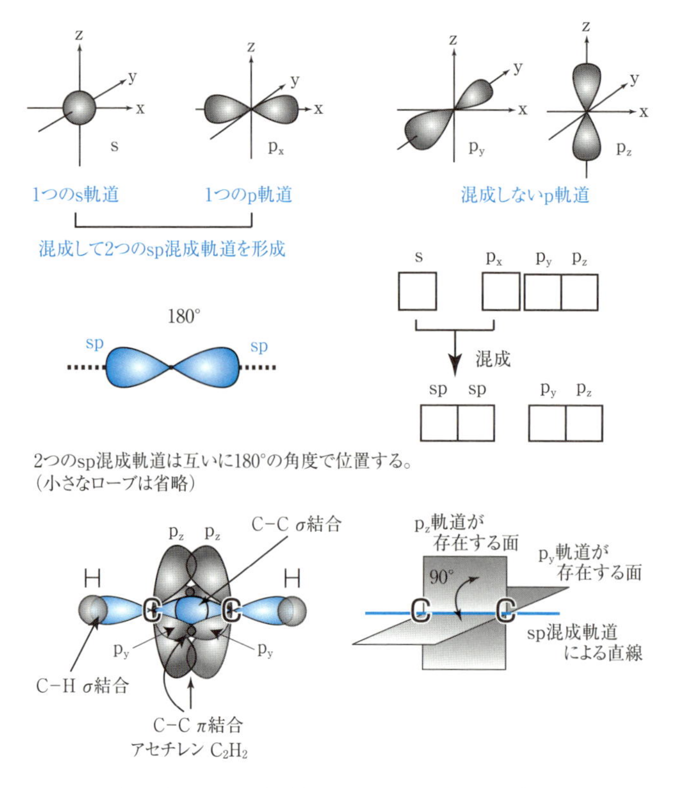

図 4-9　sp 混成軌道とアセチレン C_2H_2 の結合

4-3-4　分子軌道法とは

分子の形状だけでなく，分子が光などの外部エネルギーを得て励起したときのエネルギー状態や磁気的な性質など，分子の物理化学的な性質をより深く理解するのに有力な**分子軌道法**という理論がある。原子には複数の電子軌道が存在しており，電子は規則に従ってこれらの軌道に配置されているが，分子軌道法は，分子をつくる原子がそれぞれの電子軌道をもちより，新たに分子全体で軌道を組みなおして**分子軌道**をつくり，そこへ分子内の電子を配置するという考え方である。混成軌道が１個の原子内で一部の電子軌道が混成し，その原子内で新たな軌道配置をつくるものであったのに対して，分子軌道では分子を構成する複数の原子の電子軌道がすべて関与する。電子軌道と同様に量子力学をもとに波動関数によって分子軌道は求められ，軌道への電子配置はエネルギーの低い軌道から埋まることや，１つの軌道には最大で２個まで収容されるというルールがある。

水素分子 H_2 を分子軌道で表すと図 4-10 のようになる。それぞれの水素原子 H がもつ１つの 1s 軌道をもちよって，水素分子の２つの分子軌道が形成される。１つは**結合性分子軌道**と呼ばれ，水素原子の 1s 軌道よりも低いエネルギーをもつ軌道であり，もう１つは**反結合性分子**

軌道と呼ばれる水素原子の 1s 軌道よりも高いエネルギーをもつ軌道である*5。これらの分子軌道に，もとの水素原子がもっていた１個ずつの電子をあわせて２個入れると，結合性分子軌道に２個の電子がスピンを逆向きにして配置することになり，もとの水素原子よりも安定な電子配置になる。これにより水素原子が単独で存在するよりも二原子分子の水素分子を形成しやすいことが確認できる。

*5　図 4-10 に示したように，水素原子やヘリウム原子の 1s 軌道のエネルギーと比較した結合性軌道のエネルギーの低下分は，反結合性軌道のエネルギーの増加分よりも小さい。これは分子軌道を形成するために原子どうしが近付いた際，原子核どうしの反発があるためである。

ヘリウム原子 He に関しても同様に分子軌道をみてみよう。もとのヘリウム原子 He がもっている２個ずつの電子を合わせて，４個の電子を分子軌道に配置しなおすと，結合性分子軌道に２個，反結合性分子軌道に２個が配置されることになる。２個の電子が結合性分子軌道に入ることによってもたらされたエネルギーの低下は，エネルギー的に不安定な反結合性分子軌道に２個の電子が入ることによって相殺される。つまりヘリウム分子 He_2 は不安定な分子となってしまうためにヘリウムの二原子分子は形成されないことが，分子軌道法によって説明される。

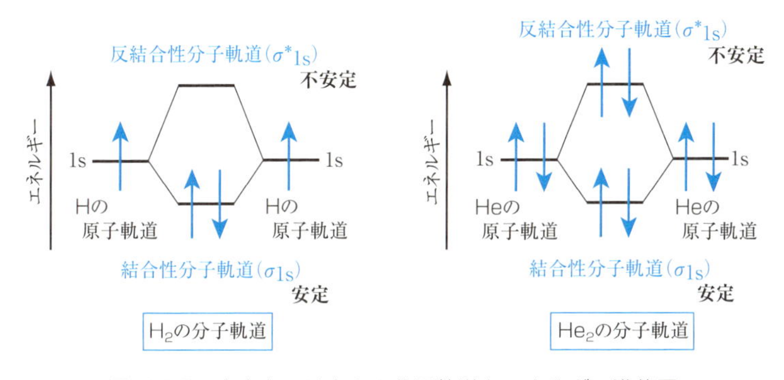

図 4-10　水素とヘリウムの分子軌道とエネルギー準位図

4-4　金属結晶とイオン結晶

4-4-1　方向性のない結合でつくられる物質

共有結合は形成する軌道の方向にだけ結合をつくるが，金属結合やイオン結合は電荷を帯びた粒子間（電子や陰イオン，陽イオンなど）のクーロン引力によって結合するので，１個の原子やイオンはあらゆる方向で，数多くの原子やイオンと結合することが可能である。このような状況を共有結合は方向性があり，金属結合やイオン結合には方向性がない，と表現する。方向性のない結合ではできる限り多くの原子やイオンが互いに結合したほうが安定化するため，これらの結合でつくられる物質はできる限り密に原子やイオンが配置した構造をとる。

4-4-2　自由電子によって結合する金属結晶の構造(2つの最密充填構造)

3-1 節の周期表（図 3-1）中の白いセルで示された元素は金属に分類され，次に説明するような**金属結晶**[*6]を作ることができる。

*6　結晶とは三次元空間に原子や分子，イオンが特定の配列を繰り返すように位置した固体。結晶内で原子や分子，イオンはできる限り密に位置する。

金属原子の最外殻電子は自由に隣接する金属原子の間を動き回ることが可能であり，このような動きをする電子のことを**自由電子**と呼ぶ。自由電子が金属原子の原子核と引き合うクーロン引力によって金属原子どうしを結合させた状態を**金属結合**といい，この結合によってつくられる物質を金属結晶と呼ぶ。自由電子の存在によって金属は高い電気伝導性や，熱伝導性といった性質をもつ。また金属の光沢は光が自由電子によって反射散乱するためであり，金属板の展性や延性は，外部からの力で金属結晶内の原子の位置がずれても自由電子も共に移動して接着剤のように作用するためである。

金属結晶において自由電子はできるだけ多くの原子間を動き回って結合を安定化させるために，金属原子はできる限り密に充填される傾向があり，そのような構造のことを最密充填構造という。最密充填構造をもつ金属結晶中の原子の配置を図 4-11 に示す。

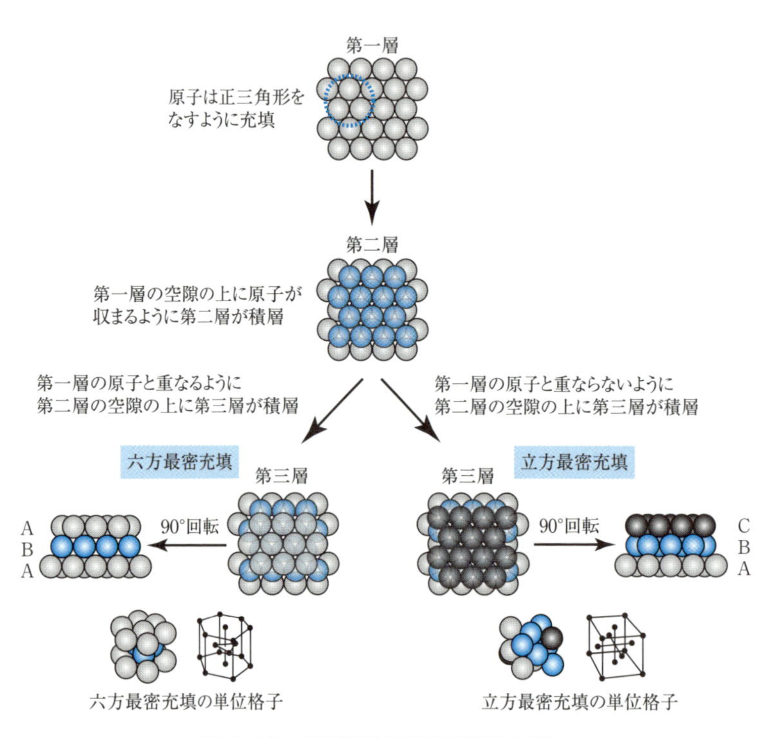

図 4-11　2種類の最密充填構造の違い

金属原子は球と捉えることができ，同じ大きさの球を同一平面上で最密に充填すると球は正三角形をなすように配置される。その上に三次元的に球が積層されるが，第二層目は第一層目の３個の球が接触してできた空隙の上に球が収まるように配置される。さらに第三層目を積層させる際に二通りの配置が可能になるために，金属結晶には２種類の最密充填構造が存在する。１つが第二層目の上に第一層目と重なるように第三層目を積層させる配置で，第一層目の配置を A，第二層目の配置を B とするとき，ABABAB…と繰り返す。このような配置を**六方最密充填構造**という。もう１つの積層方法は第二層目の３個の球が接触してできた空隙の上に球が収まるように第三層目が積層される配置である。この第三層を C とすると ABCABCABC…と繰り返す構造であり，これを**立方最密充填構造**という。六方最密充填構造と立方最密充填構造のどちらも原子の充填率[*7] は 74% であり，配位数（１つの原子に接触する原子の数）は 12 である。六方最密充填構造をとる金属にはマグネシウム Mg や亜鉛 Zn があり，立方最密充填をとる金属にはアルミニウム Al や銅 Cu，銀 Ag などがある。最密充填以外の構造をとる金属結晶もあり，ナトリウム Na や鉄 Fe などは図 4-12 に示したような**体心立方格子**（充填率 68%，配位数 8）をとる。

＊7　結晶中で繰り返しになっている基本構造（六方最密充填構造や体心立方格子など）の空間体積中，原子や分子，イオンが占める割合。

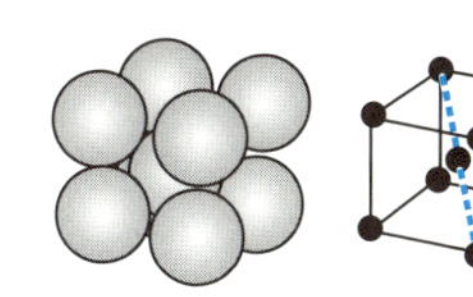

図 4-12　体心立方格子

4-4-3　イオン結晶の構造とその性質

正電荷をもつ陽イオンと負電荷をもつ陰イオンの間に働くクーロン引力によって生じる結合を**イオン結合**と呼び，イオン結合によって形成される物質を**イオン結晶**という。金属結合と同様にイオン結合も方向性をもたないが，イオン結晶は逆符号の電荷をもつ陽イオンと陰イオンは必ず接触した状態で，さらに陽イオンには可能な限り多くの陰イオンが接触し，陰イオンにも可能な限り多くの陽イオンが接触するように規則正しく配置されることで安定化している。そのためイオン結晶は堅いものの，外部からの衝撃にはもろく割れやすい。これは逆符号の電荷をもつイオンが隣接する配置をとっていた結晶が，衝撃を受けて結晶内のイオンの位置がずれ，同符号の電荷をもつイオンどうしが接近して静電的な反発がおきるためである。

また金属結晶は１種類の原子で構成されるのに対して，イオン結晶は陽イオンと陰イオンという大きさも電荷の符号も異なる2種類の粒子で構成されるため結晶格子[*8]は多岐にわたる。結晶格子の種類は陽イオンと陰イオンのイオン半径の比によって決まる。陽イオンと陰イオンの大きさが近いほど，安定な配位数の多い結晶格子をとることができる。

例として塩化セシウム CsCl と塩化ナトリウム NaCl を挙げると，塩化セシウムは8配位（イオン結晶で最大の配位数）の体心立方格子をとり，塩化ナトリウムは6配位である面心立方格子をもつ。どちらも1価の陽イオンと陰イオンが1対1で存在するイオン結晶であるが，塩化ナトリウムはより安定な8配位の結晶構造をとることができない。前述したようにイオン結晶は，その結晶構造を保つために結晶格子内で必ず陰イオンと陽イオンが接触する環境になくてはならない。この**接触が保持されるぎりぎりの陽イオンと陰イオンの半径の比（陽イオン半径／陰イオン半径）を限界イオン半径比と呼ぶ**。体心立方格子では青い波線で示された直線上で陰イオンと陽イオンが接触している（図 4-13）。

＊8　結晶中に存在する原子や分子，イオンの配列の基本パターン。体心立方格子や面心立方格子などがある。

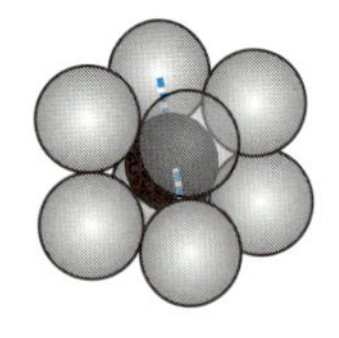
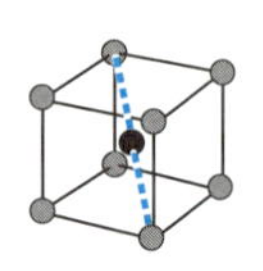

図 4-13　塩化セシウム CsCl 構造（体心立方格子）
（灰色が塩化物イオン Cl^-，黒がセシウムイオン Cs^+。わかりやすくするために1個の塩化物イオンを半透明で表わした。）

体心立方格子の限界イオン半径比は 0.732 であり，陰イオンに比べて陽イオンがこれ以上小さくなると，体心立方格子を保ったまま陽イオンと陰イオンが接触することができなくなり，6配位である面心立方格子をとることになる。面心立方格子の限界イオン半径比は 0.414 であり[*9]，面心立方格子の配位数は体心立方構造よりも小さくなるものの，格子面の対角線上（青い波線）で陰イオンと陽イオンが接触することができるのでイオン結合が可能となる（図 4-14）。

＊9　体心立方格子はイオン半径比 0.732 ～ 1 の間で成立し，面心立方格子はイオン半径比 0.414 ～ 0.732 の間で成立する。

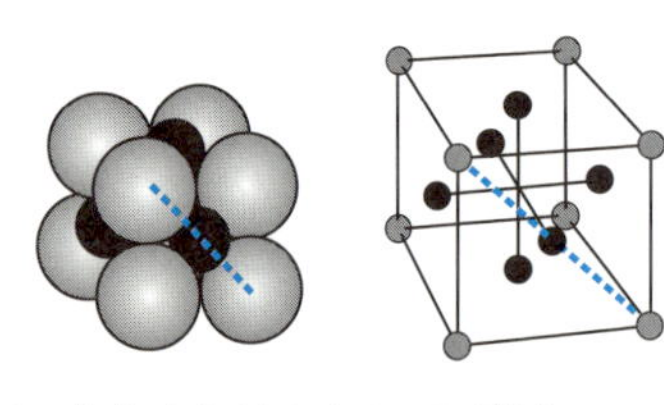

図 4-14　塩化ナトリウム NaCl 構造（面心立方格子）
（灰色が塩化物イオン Cl^-，黒がナトリウムイオン Na^+）

塩化物イオン Cl^- のイオン半径は 0.181 nm，セシウムイオン Cs^+ のイオン半径は 0.174 nm，ナトリウムイオン Na^+ のイオン半径は 0.102 nm である。塩化セシウム CsCl のイオン半径比は 0.961 であり，８配位の体心立方格子をとることが可能であるのに対して，塩化ナトリウム NaCl のイオン半径比は 0.564 であるために６配位の面心立方格子でないとイオン結合がつくれない。このようにイオン結晶では陽イオンと陰イオンの大きさの差が大きくなる（イオン半径比が小さくなる）と，より配位数の小さい結晶格子をとることでイオン結合を保持している。

またイオン結合はイオンどうしのクーロン引力による結合であることから，クーロン引力が強くなるほど結合が安定になる。クーロン引力は陽イオンと陰イオンの価数をかけ合わせたものに比例し，陽イオンと陰イオンの半径の和の二乗に反比例する[*10]。そのため配位数が大きいこと以外でも，各イオンの価数が大きくイオン半径が小さいほど，クーロン引力が強くなって安定なイオン結晶を作ることができる。

＊10
クーロン引力の強さ（F）は下記の式 4-1 で表される。

$$F = k\frac{n_1\ n_2\ e^2}{(r_M + r_X)^2} \quad (4\text{-}1)$$

陽イオン，陰イオンの半径をそれぞれ r_M，r_X，価数を n_1，n_2 とし，e は電気素量（電子１個がもつ電気量），k は比例定数である。

「コラム／発展」

変わりものな液体，水

水は生活のなかで最もありふれた液体で，普段はほとんど考えることなくその恩恵を受けている。地球表面の 70% は水で覆われ，人間の体も成人は体重の 50 ～ 65%，子供なら約 75% は水でできている。3-2-4 節で水は分子内の電荷の偏りがかなり大きな極性分子であることや，それに伴って分子どうしが強い水素結合をつくるので分子量から予想されるよりもはるかに高い沸点をもつ液体であることを紹介したが（図 3-9 参照），水には他にも種々の特異的な性質がある。

その１つが熱を吸収する能力である。これは**比熱**という値で評価される。比熱は 1 g の物質の温度を 1 ℃（1 K）だけ上昇させるのに必要なエネルギーのことである。水の比熱（4.187 J/g･K）[*11] は液体として存在する物質のなかでは群を抜いて大きく，そのために水は優れた冷媒として働く。地球規模でみると水の大きな比熱は地球全体の気候に影響を与えている。なかでも地球上の水の大部分を占めている海の役割は大きく，大量の熱を吸収して地球の温室効果をコントロールしている。気温が高くなり海や川，湖から水が蒸発する際には熱が吸収されて，水蒸気が凝縮して雲を作り，雨や雪になるときには熱が放出される。そして空気中の水蒸気（湿度として表される）も地球の大気圏の極端な温度変化を抑えている。水は人間に対しても温度調整の役割を果たしており，体内に過剰な熱が加わったとき

＊11　単位 J（Joule（ジュール））については第９章で説明する。

に体温の上昇を抑えている。

また水は多くのイオン性物質や極性のある物質を溶解することができる。イオン性物質が固体の状態で水の中に入ると，水分子の負電荷に帯電した酸素原子はイオン性物質の陽イオンに引き付けられ，水分子の正電荷に帯電した水素原子はイオン性物質の陰イオンに引き付けられる。このようにして多くの水分子が陽イオンや陰イオンを取り囲む[*12]と，陽イオンと陰イオンの間に作用していたクーロン引力が弱められ，それぞれのイオンは結晶から水のなかへ引きずり出される（図4-15）。つまり「イオン結合性物質が水に溶解した」のである。人体に含まれる水のほとんどは血液として存在し，水の特性により血液は栄養素や酸素，老廃物を溶かし込んで生体内の各所に運搬している。

*12　水和という。

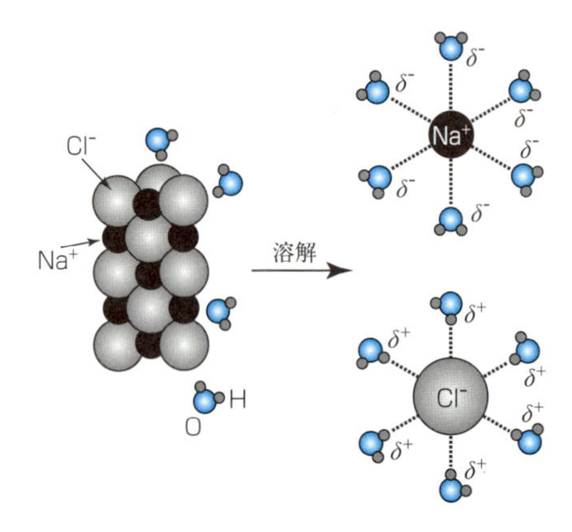

図4-15　塩化ナトリウム NaCl の水への溶解

地球上に水が豊富にあるからこそ，地球は生物が存在できる環境を作り上げることができ，生物は生命活動を続けることができるのである。

参考

Catherine H.M: 他，廣瀬千秋 訳，『実感する化学』，NTS

演習問題

1．次の分子の電子式を示せ。

（1）Br_2　（2）NH_3　（3）H_2O　（4）O_3　（5）CO

2．メタン CH_4，アンモニア NH_3，水 H_2O のいずれの分子も中心に位置する原子（炭素 C，窒素 N，酸素 O）は正四面体構造をなす４箇所の高電子密度領域をもっているが，これらの分子における結合角はメタン H—C—H，アンモニア H—N—H，水 H—O—H の順に小さい。その理由を説明せよ。

3．イオン結晶において塩化セシウム型の限界イオン半径比が 0.732，塩化ナトリウム型の限界イオン半径比が 0.414 であることを計算で示せ。

第5章 化学反応式と物質量，物質の濃度

5-1 化学反応式

私たちの身の周りは生命活動にともなうものはもちろん，さまざまな**化学反応**（化学変化）に満ちあふれている。以下にいくつかの例を挙げてみよう。

春：花見で鍋を囲むときに活躍するカセットコンロ
夏：熱い夏の熱中症を防ぐ瞬間冷却剤
秋：ハロウィンで作るケーキで使うベーキングパウダー
　　キャンプで使う着火剤
冬：寒い冬の必需品，携帯カイロ

化学反応では，物理変化[*1]とは異なり，ある物質が別の物質へと変化する。このような物質の変化を化学式で示してくれるのが，**化学反応式**である。化学反応式は，高校の教科書にある“面倒な式”というイメージがある人がいるかもしれない（ある教科書には本文中になんと447もの化学反応式が掲載されている）。しかし，化学反応式をみればそこから多くの情報が得られ，その化学反応を理解するスタートラインに立つことができる。

白色と黒色の絵の具を混ぜると灰色の絵の具ができる。そして，混ぜ合わせる比を変えると，濃い灰色，うすい灰色など，さまざまな灰色を自在に作り出すことができる。化学反応の特徴の1つは，これとは全く異なり，“決められた比”でのみ反応が進むという点である。これは，化学反応では原子や分子など粒子単位で反応が起こることによる。一方，絵の具の場合は化学反応が起きているわけではなく，単に混ざり合っているだけである[*2]。

では実際に，化学反応式を理解して化学反応の中身を考えよう。

水素 H_2 と酸素 O_2 が反応すると水 H_2O が生じる（図5-1）[*3]。図では水素原子を白色，酸素原子を黒色として表してある。大切なことは，「反応の前後で原子は減ったり増えたりしない」ということである。反応前，

＊1　物理変化（状態変化）
構成粒子の集合状態が変わる。
例　氷⇔水⇔水蒸気
（第1章参照）

＊2　化学反応の前後では，以下のことが成り立つ。
○構成粒子の元素の組み合わせが変わる。
○反応の前後で原子の種類と数は等しい。
○反応の前後で質量の和は変化しない（質量保存の法則）。

＊3　水素の燃焼（酸化）や燃料電池で起きている反応。ただし，燃料電池での反応では，白金触媒などの触媒（第10章参照）が必要である。

水素分子２個の中に含まれる水素原子の数は４個，酸素分子１個に含まれる酸素原子の数は２個である。反応後，水分子２個の中に含まれている原子の数はそれぞれ，水素原子４個，酸素原子２個。したがって，反応前後の原子の数は一致している。

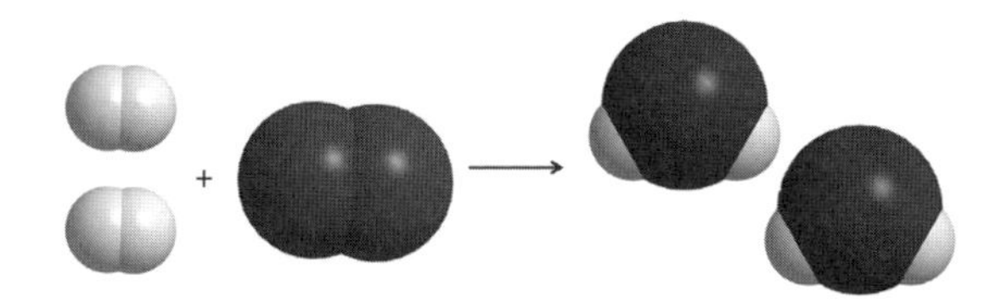

図 5-1　水素 H_2（白色）と酸素 O_2（黒色）の反応

これを化学反応式で表すと，次のように書ける。

$$2\,H_2 + O_2 \longrightarrow 2\,H_2O \qquad (5\text{-}1)$$

左辺に反応物，右辺に生成物を書き，矢印⟶で結ぶ。そして反応物である水素 H_2 と生成物の水 H_2O 前に書かれている数字“2”，を係数という。酸素 O_2 の前には係数“1”が省略されている（化学反応式では係数“1”は省略される）。この係数こそ，反応物と生成物の“決められた比”であり，この場合には，$H_2 : O_2 : H_2O = 2 : 1 : 2$，を表す。水素分子か酸素分子，どちらか一方が過剰にあったとしてもすべてが反応して水になるわけではなく，この比をこえて過剰にある場合には，過剰分は未反応のまま残ることになる。

化学反応式を完成させるには，要は反応物と生成物の原子の数と種類を同じになるように係数を決めて，矢印⟶で結べばいい。決して難しいものではないことを理解しよう。

ちなみにカセットコンロのボンベの中身は主にブタン C_4H_{10} である。このブタン C_4H_{10} の燃焼の化学反応式は，次のように表される。

$$2\,C_4H_{10} + 13\,O_2 \longrightarrow 8\,CO_2 + 10\,H_2O \qquad (5\text{-}2)$$

使い捨てカイロの中身の主成分は鉄粉（Fe）であり，カイロが暖まるための主な反応は，次に示したように鉄 Fe の酸素 O_2 との反応である。

$$4\,Fe + 3\,O_2 \longrightarrow 2\,Fe_2O_3 \qquad (5\text{-}3)$$

ベーキングパウダーの主成分は炭酸水素ナトリウム$NaHCO_3$であり，加熱した場合には，炭酸ガス（二酸化炭素CO_2）が発生する。その反応は，

$$2\,NaHCO_3 \longrightarrow Na_2CO_3 + CO_2 + H_2O \qquad (5\text{-}4)$$

のように書ける。左辺の反応物中に含まれる原子の種類と数が，右辺の生成物中に含まれる原子の種類と数に一致していることを確認してみよう。

5-2 物質量

5-2-1 物質量とは

原子，分子，イオン1個はあまりにも小さく，私たちが日常使っている数量とはかけ離れている。たとえば炭素原子^{12}C 1個の重さは1.99×10^{-23} gである。よって，1個，2個・・・ではなく，もっと大きな集まりで考えれば扱いやすくなる。私たちはよく，数のまとまりを別の言い方で表す。

例えば，1ダース＝12

1グロス＝144（＝12ダース）

1グレートグロス＝1728（＝12グロス）

鉛筆1ダースといえば，12本のことである。しかし，原子・分子・イオンはもっと大きな集団で考える必要がある。実際には，1万や100万ではまだ意味がなく，6.02×10^{23}という膨大な数を用いる[*4]。これを**アボガドロ数**という[*5]。

$$6.02 \times 10^{23}\text{個} = 1\ \text{mol}$$

（mol：モル）

1 molは原子・分子・イオンなどのアボガドロ数個の粒子の集団を表す。そして，このアボガドロ数個の集団を1つの単位として表した物質の量を**物質量**といい，単位として「mol（モル）」[*6*7]を用いる。そうすることで，原子・分子・イオンを扱いやすい数字としたわけである。

なお，「mol（モル）」とは12 gの^{12}Cに含まれる原子数（つまりアボガドロ数）と等しい数の（原子，分子，イオンなどの）粒子を含むもの（物質量）として定義されている。

*4 クイズに挑戦

6.02×10^{23}個のビー玉がある。1個ずつ数えたらどれだけの時間がかかるか？ただし，1秒に1個数えることにする。

答：

$$\frac{6.02 \times 10^{23}}{60 \times 60 \times 24 \times 365} = 1.9 \times 10^{16}\ (\text{年})$$

よって1.9×10^{16}年かかる。仮に人間の寿命を90年とすると

$$\frac{1.9 \times 10^{16}}{90} = 2.1 \times 10^{14}\ (\text{回})$$

生まれ代わることになる。

*5

10^{23}にちなんで10月23日は「化学の日」になっている（日本化学工業会，日本化学会等により制定）。

*6 mol（モル）

世界で共通して使用される単位系であるSI（International System of Units）単位系には，7つの基本単位が定められており，他の単位はこの基本単位と2つの補助単位を組み合わせて表される。「mol（モル）」は長さの単位であるm（メートル）などとならんで7つの基本単位のうちの1つである。

表5-1　SI基本単位

量	名称	記号
長さ	メートル	m
質量	キログラム	kg
時間	秒	s
電流	アンペア	A
熱力学温度	ケルビン	K
物質量	モル	mol
光度	カンデラ	cd

*7

1mol当りの粒子の数$6.02 \times 10^{23}\ \text{mol}^{-1}$をアボガドロ定数（2-1-3節参照）という。

5-2-2　1 mol の質量（モル質量）

1 mol の質量は，原子量・分子量・式 量[*8] の値にたんに単位 g をつけた量になり，これをモル質量（単位 g/mol）という。つまり，それぞれ次のように表わされる。

原子　1 mol の質量 = 原子量 g/mol

分子　1 mol の質量 = 分子量 g/mol

イオン　1 mol の質量 = 式 量 g/mol

そして，ある物質の質量と物質量との関係は次の式で表される。

$$物質量\ [mol] = \frac{質量\ [g]}{モル質量\ [g/mol]}$$

したがって，「モル質量」を「原子量」「分子量」「式量」の値に置き換えて考えてもいい。

原子

$$物質量\ [mol] = \frac{質量\ [g]}{原子量}$$

分子

$$物質量\ [mol] = \frac{質量\ [g]}{分子量}$$

イオン

$$物質量\ [mol] = \frac{質量\ [g]}{式\ 量}$$

たとえば，水 H_2O の分子量は 18（水素 H の原子量：1，酸素 O の原子量：16）である。したがって，水 1 mol（水分子 6.02×10^{23} 個）の質量は 18 g である。

*8
原子量
同位体の存在する元素では，同位体の存在比を考慮した相対質量の平均値。単位のない無名数である。（2-1-3 節参照）
分子量
分子式に含まれる元素の原子量の総和。単位のない無名数である。
式　量
イオン式や組成式に含まれる元素の原子量の総和。単位のない無名数である。

5-2-3　1 mol の体積（モル体積）

1 mol の気体の体積は気体の種類に関係なく，標準状態[*9] で 22.4 L である[*10]。この体積は，牛乳パック（1 L）22.4 個分であり，およそ直径 35 cm のビーチボールの大きさになる。このことを，モル体積（22.4 L/mol）という。たとえば，いずれも標準状態で，

酸素 O_2　　1 mol の体積 = 22.4 L

二酸化炭素 CO_2　　1 mol の体積 = 22.4 L

アンモニア NH_3　　1 mol の体積 = 22.4 L

*9　**標準状態**
0 ℃*，1.013×10^5 Pa（1.013×10^5 N/m^2 あるいは 1 atm）
*温度は SATP では 25 ℃

*10　**アボガドロの法則**
同温，同圧のもとで同じ体積の気体には，種類によらず同じ数の分子が含まれる。

である。したがって，ある物質の気体の体積と物質量との関係（標準状態）は次の式で表される。

$$物質量\ [\mathrm{mol}] = \frac{気体の体積\ [\mathrm{L}]}{22.4\ [\mathrm{L/mol}]}$$

5-2-4　まとめ：物質量は物理量を結ぶパスポート

以上をまとめると，物質量（mol）を用いれば，質量，粒子の数，体積を相互に換算することができる。よって，物質量はこれらの物理量を結ぶ“パスポート”のようなものである（図 5-2）。

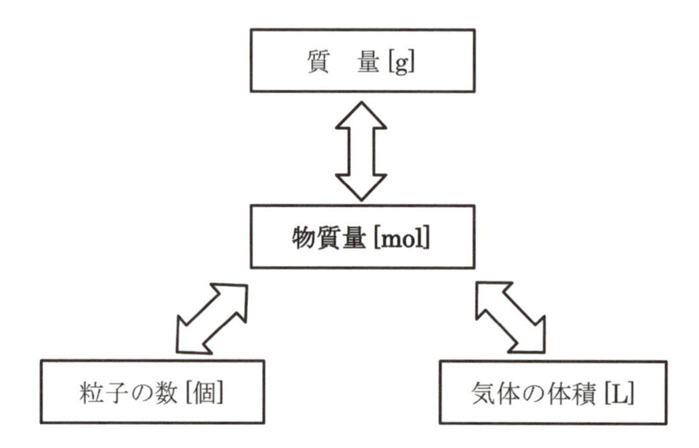

図 5-2　物質量と質量，粒子の数，体積の関係

たとえば，二酸化炭素 CO_2 を例にして考えてみよう。二酸化炭素の分子量は 44（炭素原子 C の原子量：12，酸素 O の原子量：16）である。したがって，二酸化炭素 1 mol の粒子数は 6.02×10^{23} 個，質量は 44 g である。また標準状態での体積は前出の通り 22.4 L である（図 5-3）。同様にして二酸化炭素 2 mol であれば，粒子数，質量，標準状態での体積すべて 2 倍（粒子数：$2 \times 6.02 \times 10^{23}$ 個，質量：2×44 g，標準状態での体積：2×22.4 L），二酸化炭素 0.5 mol であれば，すべて 0.5 倍（粒子数：$0.5 \times 6.02 \times 10^{23}$ 個，質量：0.5×44 g，標準状態での体積：0.5×22.4 L）となる。

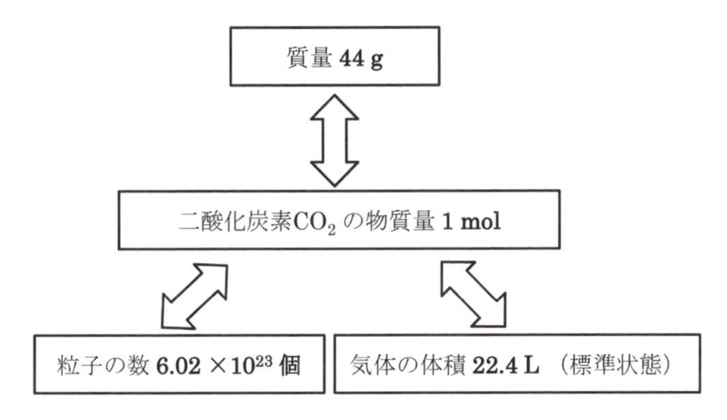

図 5-3　二酸化炭素の物質量と質量，粒子の数，体積の関係

5−3　化学反応式から何がわかるのか

ここでもう一度，化学反応式を見てみよう。前出の水素と酸素から水が生成する反応（式 5-1）について，化学反応式から以下のことがわかる。

	$2\,H_2$	+	O_2	→	$2\,H_2O$
物質名	水素		酸素		水
係　数	2		1		2
反応における分子数の比	2		1		2
（係数×6.02×10^{23}	$2\times6.02\times10^{23}$		$1\times6.02\times10^{23}$		$2\times6.02\times10^{23}$）
物質量	2 mol		1 mol		2 mol
質　量	2 × 2 g (4 g)		1 × 32 g(32 g)		2 × 18 g(36 g)

（質量保存の法則[*11]）

＊11　5-1 節参照。

別の例として，窒素 N_2 と水素 H_2 からアンモニア NH_3 が生じる反応（式 5-5）を見てみよう。

	N_2 +	$3\,H_2$ →	$2\,NH_3$ (5-5)
物質名	窒素	水素	アンモニア
係　数	1	3	2
反応における分子数の比	1	3	2
(係数 $\times 6.02\times10^{23}$	$1\times6.02\times10^{23}$	$3\times6.02\times10^{23}$	$2\times6.02\times10^{23}$)
物質量	1 mol	3 mol	2 mol
質　量	1 × 28 g(28 g)	3 × 2 g (6 g)	2 × 17 g(34 g)
	(質量保存の法則)		
標準状態での気体の体積	1 × 22.4 L (22.4 L)	3 × 22.4 L (67.2 L)	2 × 22.4 L (44.8 L)
	(気体反応の法則*12)		

このように，1つの化学反応式は様々なことを教えてくれる。化学反応式はまさに情報の宝庫なのである。

5-4　溶液の濃度

液体に他の物質が溶けて均一な液体になる現象を**溶解**という。こうして生じた液体を**溶液**といい，このとき他の物質を溶かした液体を**溶媒**，液体に溶けた物質を**溶質**という。

水溶液と呼ばれる溶液は，水が溶媒である。また，溶質には固体，液体，気体（物質の三態）いずれもがなりうる。たとえば，食塩水は固体の塩（塩化ナトリウム NaCl）が，お酒は液体のエタノール CH_3CH_2OH が，炭酸水は気体の二酸化炭素 CO_2 がそれぞれ水に溶解した溶液である。

溶液中に含まれる溶質の割合を溶液の濃度という。ここでは，化学でよく用いられる**質量パーセント濃度**と**モル濃度**[*13][*14]について説明することにする。

5-4-1　質量パーセント濃度（%）

質量パーセント濃度は，溶液の質量に対する溶質の質量の割合（百分率）で表した濃度である（化学では一般に % を使って濃度を表す場合は，質量パーセント濃度のことをいう）。

*12　**気体反応の法則**
気体の反応において，反応する気体と生成する気体の体積には，同温・同圧のもとで，簡単な整数比が成り立つ。

*13　これら以外にも以下の濃度がある。
質量モル濃度
溶媒 1 kg 中の溶質の量を物質量で表した濃度：単位 mol/kg
質量／体積パーセント濃度
溶液 100 mL 中の溶質の質量 (g) をパーセント (%) で表わした濃度：% (w/v)
体積パーセント濃度
溶液 100 mL 中の溶質の体積（mL）をパーセント（%）で表わした濃度：%（v/v）
これらと区別するため，質量パーセント濃度を %（w/w）と表現することもある。

*14　大気汚染物質，残留農薬，食品添加物などのより微量な濃度（割合）を表す場合には
ppm (parts per million)
100 万分の 1
（1 ppm = 1×10^{-6}）
ppb (parts per billion)
10 億分の 1
（1 ppb = 1×10^{-9}）
ppt (parts per trillion)
1 兆分の 1
（1 ppb = 1×10^{-12}）
などが用いられる（第 12 章参照）。

$$質量パーセント濃度\ [\%] = \frac{溶質の質量\ [g]}{溶液の質量\ [g]} \times 100$$

$$= \frac{溶質の質量\ [g]}{溶媒の質量\ [g] + 溶質の質量\ [g]} \times 100$$

$$= \frac{溶質の質量\ [g]}{密度\ [g/cm^3] \times 溶液の体積\ [cm^3]} \times 100$$

たとえば 20% の食塩水は，80 g の水に 20 g の NaCl を加えて溶かした溶液である。

$$\frac{20\ g\ (NaCl)}{80\ g\ (H_2O) + 20\ g\ (NaCl)} \times 100 = 20\ (\%)$$

5-4-2　モル濃度（mol/L）

溶液１L 中に溶けている溶質の物質量（mol）で表した濃度である。化学ではもっとも使用頻度が高い。

$$モル濃度\ [mol/L] = \frac{溶質の物質量\ [mol]}{溶液の体積\ [L]}$$

たとえば，NaCl（ナトリウム原子 Na の原子量：23，塩素 Cl の原子量：35.5，NaCl の式量：58.5）5.85 g を水に溶かして全量を 1.00 L にした溶液のモル濃度は 0.100 mol/L である（5-2-2 参照）。

$$NaClの物質量：\frac{5.85\ g}{58.5\ g/mol} = 0.100\ mol$$

$$モル濃度：\frac{0.100\ mol}{1.00\ L} = 0.100\ mol/L$$

「コラム／発展」

先人の努力から化学反応式が生まれている

「化学遺産」とは日本化学会[*15]の化学遺産委員会が2010年に認定と顕彰をスタートさせたもので，化学と化学技術に関する歴史資料の保存と利用の推進を目的とし，それらのなかでも特に貴重なものとして認定されたものである。化学に関する文化遺産，産業遺産として次世代に伝えるべきものと位置づけられる。

これまでに認定された「化学遺産」には次のようなものがある。

第1号　「杏雨書屋蔵　宇田川榕菴化学関係資料」
　宇田川榕菴（1798-1846）により，化学という学問が日本ではじめて体系的に紹介された。

第2号　「上中啓三　アドレナリン実験ノート」
　明治33年（1900年），ニューヨークの研究所において，高峰譲吉と上中啓三はアドレナリンを発見し，世界で初めてホルモンの単離に成功した。

第6号　「カザレー式アンモニア合成装置および関係資料」
　大正12年（1923年），日本で初めてアンモニアの工業的製造が開始された。

第16号　「日本のビニロン工業の発祥を示す資料」
　ビニロンが国産初の合成繊維として，昭和25年（1950年）に工業化された。

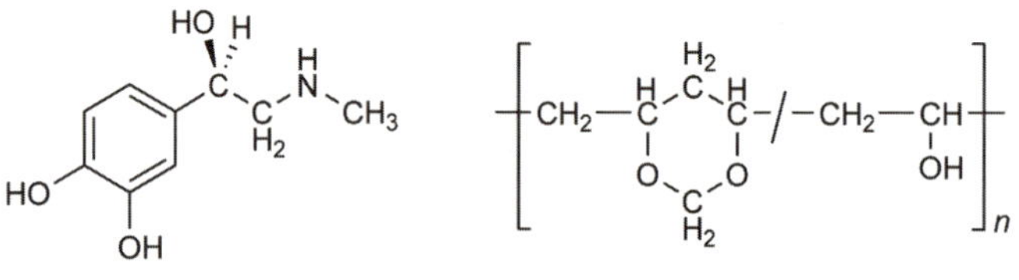

アドレナリン　　ビニロン

図5-4　アドレナリンとビニロンの構造式
（構造については第11章を参照）

アンモニア NH_3 は，前出の通り窒素 N_2 と水素 H_2 から合成され，次の式で示される（式5-5）。この反応はハーバー・ボッシュ法（ハーバー法）[*16]として知られ，触媒[*17]として Fe_3O_4 などが用いられる。

$$N_2 + 3H_2 \rightarrow 2NH_3 \quad (5\text{-}5)$$

＊15　日本化学会
明治11年（1878年）に創設され，現在，会員数約3万名を擁する日本最大の化学の学会。

＊16　ハーバー法
ドイツBASF社の主にF. Haberと C. Boschにより開発され，1918年，1931年にそれぞれノーベル賞を受賞した（第6章参照）。

＊17　触媒については，第6章を参照。

化学反応式は至極単純に見えるが，開発は決して容易なものではなく，1913年にはじめて工業生産に成功し，化学における20世紀最大の発明の１つとも数えられる。アンモニアは爆薬や肥料などのさまざまな化学製品の原料となり，大気中の窒素を固定化する非常に重要な方法である。「化学遺産」第６号のガザレー法（カザレー式アンモニア合成装置）は，この反応に基づくものである。

　このような先人達の努力によって，私たちは今，化学，そして化学反応式を学んでいるということを忘れてはならない。

参考
日本化学会ホームページ　www.chemistry.or.jp

演 習 問 題

1．次の値を求めよ。（物質量が苦手な人はチャレンジ）

（1）水分子 H_2O　2 mol の質量（g）

（2）水分子 H_2O　2 mol の個数（個）

（3）水分子 H_2O　2 mol の気体としての標準状態での体積（L）

2．次の物質量（mol）を求めよ。（物質量が苦手な人はチャレンジ）

（1）水分子 H_2O　9 g の物質量

（2）酸素分子 O_2　1.2×10^{23} 個の物質量

（3）窒素分子 N_2　5.6 L（標準状態）の物質量

3．次の値を求めよ。（物質量が苦手な人はチャレンジ）

（1）水分子 H_2O　9 g の分子の個数

（2）酸素分子 O_2　1.2×10^{23} 個の標準状態での気体の体積

（3）窒素分子 N_2　5.6 L（標準状態）の気体の質量

4．次の化学反応式を書け。

（1）銅 Cu に希硝酸 HNO_3 を加えたら，硝酸銅(Ⅱ) $Cu(NO_3)_2$ と一酸化窒素 NO が生成した。

（2）銅 Cu に濃硝酸 HNO_3 を加えたら，硝酸銅(Ⅱ) $Cu(NO_3)_2$ と二酸化窒素 NO_2 が生成した。

（3）塩化アンモニウム NH_4Cl に水酸化カルシウム $Ca(OH)_2$ を加えたら，塩化カルシウム $CaCl_2$ とアンモニア NH_3 が生成した。

5．次の質量パーセント濃度を計算せよ。

（1）水 140 g に塩化カリウム 60 g を溶かした水溶液の質量パーセント濃度

（2）20%の塩化カリウム水溶液 200 g に含まれる水の質量

（3）5%の食塩水 40 g と 20%の食塩水 160 g を混合した溶液の質量パーセント濃度

（4）質量パーセント濃度が 2.0%の塩化亜鉛水溶液を 100 g 作るには，塩化亜鉛と水はそれぞれ何 g 必要か。

6．（質量パーセント濃度とモル濃度の換算）

質量パーセント濃度が 40%，密度が 1.3 g/cm^3 の希硫酸 H_2SO_4 がある。この希硫酸のモル濃度はいくらか。

7．（化学反応式を用いた量的関係）

標準状態で 24 g のメタン CH_4 を完全燃焼させたところ，二酸化炭素 CO_2 と水 H_2O を生じた。以下の問いに答えよ。

（1）化学反応式を書け。

（2）メタン 24 g の物質量（mol）を求めよ。

（3）この反応で，消費された酸素，生成した二酸化炭素と水の物質量をそれぞれ求めよ。

（4）そのときの酸素，二酸化炭素，水の分子数，気体（標準状態）としての体積をそれぞれ求めよ。

第6章　反応速度と化学平衡

6-1　反応速度

6-1-1　反応はどのようにして進むのか

第5章では化学反応式を，そして化学反応式が多くの情報を私たちに教えてくれることを学んだ。次に示す化学反応式は，ガスコンロで火をつけると起こる，メタン CH_4 が燃えて（酸素 O_2 と反応して）二酸化炭素 CO_2 と水 H_2O が生成する反応（式6-1），銅 Cu が緑色の緑青（ろくしょう）といわれるさび（酸化銅(Ⅱ)）CuO を生じる反応（式6-2）である。

$$CH_4 + 2\,O_2 \rightarrow CO_2 + 2\,H_2O \qquad (6\text{-}1)$$

$$2\,Cu + O_2 \rightarrow 2\,CuO \qquad (6\text{-}2)$$

メタンと酸素を混ぜてもただそれだけでは何も起こらない。実際には点火する必要がある。そしていったん点火すると反応は非常に速く進行して，場合によっては爆発することすらある。一方，同じ酸素との反応でも銅との反応は長い時間をかけてゆっくりと進行する。反応が速く進むのか，ゆっくり進むのかという反応の“速度”（**反応速度**）に関する情報は化学反応式を見ただけではわからない[*1]。

出会いがなければ何も始まらないというのが世の常である。それは化学反応でも同じである。たとえば分子と分子が衝突して（出会って），そこで結合の組み換えが起こって生成物へと変化するのである。したがって，たとえば衝突する頻度は反応の速度を決める一因であることは容易に予想できるだろう。

*1　たとえばメタンの燃焼の際には熱（エネルギー）が発生する。これも化学反応式には表わされていないものの1つである。物質の変化（化学変化や物理変化）をエネルギーの視点から考えるのが**熱力学**であり，これを学ぶことは化学反応の進み方や化学平衡を理解・説明する上で欠かせない。本書では熱力学について，第9章で学ぶ。

6-1-2　反応速度を表す

まず，反応速度をどのように考えるか（定義するか）であるが，反応速度は「単位時間あたりの反応物の濃度の減少量，あるいは生成物の濃度の増加量」で表わされる。濃度としてモル濃度が用いられる[*2]。たとえば，

*2　[ ] はモル濃度を表し，たとえば [A] は物質 A のモル濃度をあらわす。

$$\mathrm{A} \longrightarrow \mathrm{B} \qquad (6\text{-}3)$$

の反応において，時刻 t_1 から t_2 の間に反応物 A のモル濃度が $[\mathrm{A}]_1$ から $[\mathrm{A}]_2$ に減少したとすると（$t_2 - t_1 = \Delta t$，$[\mathrm{A}]_2 - [\mathrm{A}]_1 = \Delta[\mathrm{A}]$），この間の平均反応速度 $\bar{v}$（mol/(L·s)）は次のように表わされる（図 6-1）。

$$\bar{v} = -\frac{[\mathrm{A}]_2 - [\mathrm{A}]_1}{t_2 - t_1} = -\frac{\Delta[\mathrm{A}]}{\Delta t} \qquad (6\text{-}4)$$

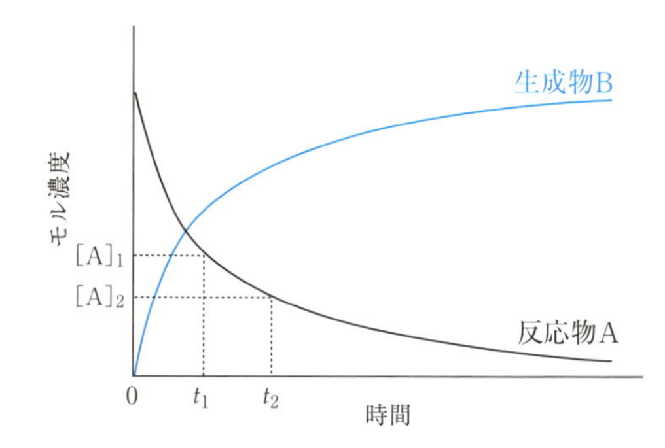

図 6-1　反応物および生成物のモル濃度の時間変化

つまり，反応速度は濃度の時間変化の微分（濃度の時間変化曲線の接線）で与えられ，次のように書ける。

$$v = -\frac{\mathrm{d}[\mathrm{A}]}{\mathrm{d}t} = \frac{\mathrm{d}[\mathrm{B}]}{\mathrm{d}t} \qquad (6\text{-}5)$$

生成物 B についても同様に表わされるが，反応物と生成物で符号が異なるのは反応速度を正で表わすためである。また，反応速度の比は化学反応式の係数の比に等しくなる*3。

*3　たとえば，$\mathrm{A} \longrightarrow 2\,\mathrm{B}$ の反応について，A の減少の反応速度を v_A，B の増加の反応速度を v_B，とすると

$$2\,v_\mathrm{A} = v_\mathrm{B}$$

$$v_\mathrm{A} : v_\mathrm{B} = 1 : 2$$

となる。

6−1−3　反応速度と濃度の関係

人ごみでも混み合っているほど，人と人がぶつかることは多くなるであろう。分子の衝突の頻度は濃度が高いほど高くなる。したがって一般に反応物の濃度が高いほど反応速度は大きくなる。たとえば反応速度 v がモル濃度に比例する場合，式 6-3 の反応について

$$v = -\frac{d[A]}{dt} = k\,[A] \qquad (6\text{-}6)$$

と書ける。このような反応物のモル濃度と反応速度との関係を示した式のことを**反応速度式**あるいは速度式といい，比例定数 k を**反応速度定数**あるいは速度定数という。k の値は反応の種類が同じで温度が一定であれば一定の値であるが，温度を変えたり，触媒（6-3 節参照）を加えたりすると変化する。

一般に式 6-7 の反応について，反応速度は反応物の累乗の積に比例し，次のように書ける（式 6-8）。なおここで，x，y のことを反応次数という。

$$A + B \longrightarrow C \qquad (6\text{-}7)$$

$$v = k\,[A]^x[B]^y \qquad (6\text{-}8)$$

具体的に水素 H_2 とヨウ素 I_2 が反応してヨウ化水素 HI を生じる反応（式 6-9）について見てみよう。

$$H_2 + I_2 \longrightarrow 2\,HI \qquad (6\text{-}9)$$

この反応の反応速度式は実際に次のように表わされる。

$$v = k\,[H_2][I_2] \qquad (6\text{-}10)$$

この場合には，反応速度は水素とヨウ素のモル濃度に比例し，それぞれについての反応次数が“一次”，全体として“二次”であり，このことは実験によって確かめられている。なお通常，反応次数は化学反応式の係数とは無関係であり，あくまでも実験結果によって決められるものである。

6－2 活性化エネルギーを乗り越えて反応が起こる（反応速度と温度の関係）

メタン CH_4 と酸素 O_2 の反応（式 6-1）では通常これらを単に混ぜ合わせてもそれだけでは反応は進まない。両者の間には衝突も起きているはずなのに，なぜだろうか。

たんに出会っただけでは変化は生じないが，そこに情熱があれば変化が起こり，ふたりは結ばれるかもしれない。結ばれるためには変化を起こすだけの“情熱”（エネルギー）が必要である。

たとえば，式 6-9 の反応について考えてみよう。水素 H_2 とヨウ素 I_2 を単に密閉容器に入れただけでは反応は起きないが，これらを加熱することで反応が起きる[*4]。水素原子とヨウ素原子の間に結合が生じるためには衝突した両分子が，結合を組み換えることができるような高いエネルギーの状態になる必要がある（図 6-2）。この状態のことを**活性化状態**という。このような状態を経ることではじめてヨウ化水素 HI が生成する。そしてこの状態を取り出すことはできない。なぜならば，エネルギーが高い状態，つまり非常に不安定な状態だからである。

*4　約 400 ℃に加熱する。

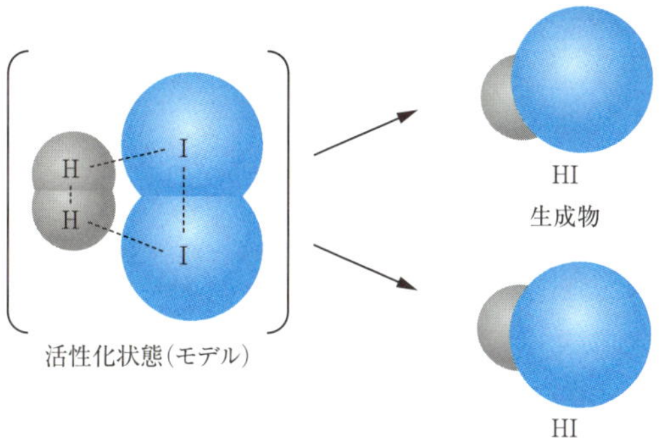

図 6-2　水素 H_2 とヨウ素 I_2 の反応の仮想的な活性化状態モデル[*5]

*5　この反応は実際にはもっと複雑な反応であると考えられており，図中のモデルはあくまでも活性化状態を説明するための仮想的なものである。

反応が進行する際には単に分子が衝突すればいいというわけではなく，活性化状態を形成できるだけのエネルギーをもった分子だけが衝突した際に反応することができる。この活性化状態になるために必要な最小のエネルギーのことを**活性化エネルギー**（Ea）という。活性化エネルギーは反応によって固有の値をとる[*6]。

*6　たとえば式 6-9 の反応の活性化エネルギーは 174kJ と測定されている。

図 6-3 は反応物から生成物に至るまでの反応経路についてのエネルギー変化（反応エネルギー図）の例を示している。山の頂点が活性化状態に相当し，反応物は活性化エネルギーに相当する山を乗り越えて生成物に達する。

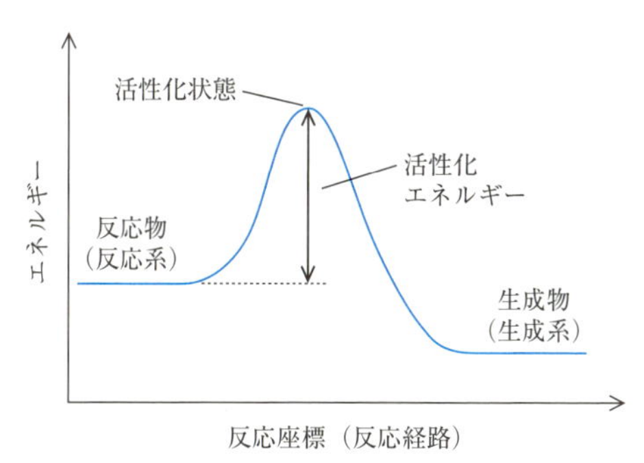

図 6-3　反応経路とエネルギーの関係

メタン CH_4 と酸素 O_2 を反応させるのに最初に点火が必要なのは，この活性化エネルギーを供給するためだったのである。ただし，いったん反応が進行すると反応から放出される熱（反応熱*7）によって次の活性化エネルギーが賄われる。また，温度を上げると活性化エネルギーを超えて反応できる分子の数が増加する。つまり，温度が高いほど反応速度は大きくなることになる。

*7　反応熱の詳細については第9章で学ぶ。

6-3　反応速度と触媒の関係

6-3-1　触媒とは

化学反応の前後で自分自身は変化しないが，反応速度を大きくする物質を**触媒**という。反応速度が大きくなるため，より効率よく，より温和な条件で化合物を合成・製造できる。したがって触媒は私たちの生活を支える様々な化学反応, 化学工業にとってなくてはならないものである。触媒を利用した反応の例を表 6-1 にまとめた。

表 6-1　触媒を用いた反応の例

反応の名称・用途等	化学反応式	触　媒
ハーバー・ボッシュ法*8	$N_2 + 3H_2 \longrightarrow 2NH_3$	Fe_3O_4
接触法（硫酸の製造）*9	$2SO_2 + O_2 \longrightarrow 2SO_3$	V_2O_5
オストワルト法*10（硝酸の製造）	$4NH_3 + 5O_2 \longrightarrow 4NO + 6H_2O$ $\left(\begin{array}{l} 2NO + O_2 \longrightarrow 2NO_2 \\ 3NO_2 + H_2O \longrightarrow 2HNO_3 + NO \end{array}\right)$	Pt
燃料電池*10	$2H_2 + O_2 \longrightarrow 2H_2O$	Pt
メタノールの製造	$CO + 2H_2 \longrightarrow CH_3OH$	Cu/ZnO
アセトアルデヒドの製造	$2H_2C{=}CH_2 + O_2 \longrightarrow 2CH_3\text{-}CHO$	$PdCl_2/CuCl_2$
クメン法（フェノールの製造）	ベンゼン $+ H_2C{=}CHCH_3 \longrightarrow$ ベンゼン環-$CH(CH_3)_2$	H_3PO_4
ポリエチレンの製造*11	$n\,H_2C{=}CH_2 \longrightarrow -[CH_2-CH_2]_n-$	$TiCl_4\text{-}AlEt_3$

*8　第5章「**コラム／発展**」および本章の「**コラム／発展**」参照。

*9　第1章「**コラム／発展**」および第10章参照。

*10　第10章参照。

*11　チーグラー・ナッタ触媒：本章の「**コラム／発展**」および 11-9-1 節参照。

その他にも身近ないたる所で触媒が活躍している。

自動車の排ガスには環境を汚染する窒素酸化物 NOx *12 や炭化水素類などが含まれるため，自動車のマフラーの中には浄化装置としての触媒（白金 Pt—パラジウム Pd—ロジウム Rh）が取り付けられており，排ガスはこれを通過する際に無害な窒素 N_2，二酸化炭素 CO_2，水 H_2O へと変換され，排気される。

*12　一酸化窒素 NO や二酸化窒素 NO_2 などの窒素の酸化物を NOx（ノックス）という。一酸化窒素は空気中で酸化されて，二酸化窒素になり，これが水に溶けて硝酸 HNO_3 を生じる。酸性雨（第7章参照）や呼吸器疾患などの原因物質の1つである。

また，「光触媒」という言葉を聞いたことがあるだろう。一般的には光が当たると触媒の働きをする物質のことをいうが，身の周りで使われる「光触媒」の主な役割は太陽や蛍光灯などの光が当たると，触媒を塗布した表面に付着した有機化合物を分解したり[*13]，表面の性質を変えて［非常に強い親水性[*14]（超親水性）に変化させて］汚れを付きにくくしたりするというもので，主に酸化チタン(Ⅳ) TiO_2 が用いられている。

＊13　酸化（第８章参照）して分解する。

＊14　11-6 節参照。

生体内の反応で触媒として働くタンパク質を**酵素**といい，現在3,000 種類以上が知られている。たとえば私たちの唾液の中にはアミラーゼ[*15]という酵素が含まれており，これは多糖であるアミロース（デンプン）を加水分解して二糖のマルトース（麦芽糖）$C_{12}H_{22}O_{11}$ などへと変換する。また，味噌（みそ）や醤油（しょうゆ）などの発酵・醸造食品には麹（こうじ）菌や酵母菌が用いられており，これらが出す酵素が発酵の触媒としてはたらいている。たとえば単糖 $C_6H_{12}O_6$ はアルコール発酵（式 6-11）によってエタノール CH_3CH_2OH と二酸化炭素 CO_2 に変換され，またこの反応はエタノールの工業的製造法としても使われている。

＊15　α-アミラーゼやβ-アミラーゼなどがあり，食品加工にも利用されている。α-アミラーゼはデンプンの液化や水あめの製造に，β-アミラーゼはマルトースの製造に使用されている。

$$C_6H_{12}O_6 \longrightarrow 2\,CH_3CH_2OH + 2\,CO_2 \qquad (6\text{-}11)$$

6-3-2　触媒は活性化エネルギーを下げる

では触媒を用いた反応では，どうして反応速度が大きくなるのだろうか。

触媒がない場合には先に示したように反応物が活性化状態を形成し，この不安定な中間体を経て生成物へと変換される。一方，触媒がかかわる場合には，反応物と触媒からなる“別の活性化状態”を形成する。この中間体の活性化エネルギー（Ea'）は触媒を用いない場合の中間体の活性化エネルギー（Ea）に比べて小さい（図 6-4）[*16]。反応物はより低い山を乗り越えればいいことになり，したがって，反応速度が大きくなる。言い換えると，触媒は反応物に作用して活性化エネルギーを小さくするような物質である。そして反応が進行して生成物が生じると，触媒は元の状態に戻って再び反応物に作用する。

＊16　たとえば式 6-9 の反応について，触媒（白金 Pt）を用いたときの活性化エネルギーは 49 kJ となる［触媒を用いない場合の活性化エネルギーは 174 kJ（6-2 節参照)］。

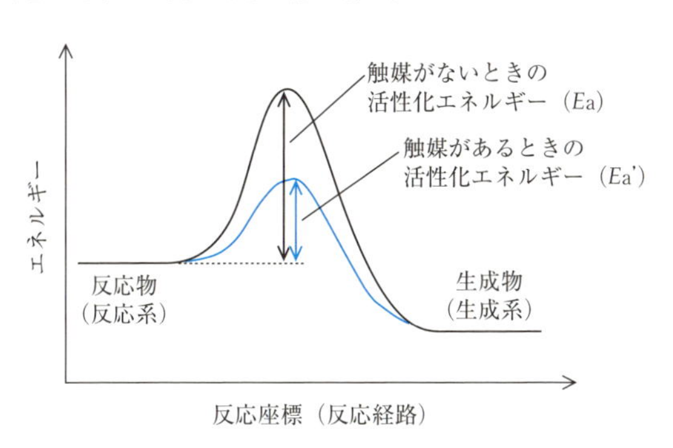

図 6-4　触媒を用いたときの活性化エネルギー

以上のように，濃度，温度，触媒は反応速度を変化させる。その他にも固体の反応の場合には，その表面積も反応速度に影響を与える[*17]。

*17　粉末など，表面積が大きい場合には固体表面での衝突回数が増すため，反応速度は大きくなる。

6-4　化学平衡

6-4-1　右向きにも左向きにも進む反応

化学反応式において右向きにも左向きにも進むことのできる反応を**可逆反応**という。たとえば，式 6-9 の反応では水素 H_2 とヨウ素 I_2（混合気体）を加熱するとヨウ化水素 HI を生じる。逆にヨウ化水素 HI を加熱すると水素 H_2 とヨウ素 I_2 に分解する（式 6-12）。

$$2\,HI \longrightarrow H_2 + I_2 \tag{6-12}$$

このような可逆反応には矢印"$\rightleftarrows$"を使う。したがって，この水素とヨウ素の反応は次のように表わされる。

$$H_2 + I_2 \rightleftarrows 2\,HI \tag{6-13}$$

このとき右向きの反応（$\longrightarrow$）を正反応，左向きの反応（$\longleftarrow$）を逆反応という。また，一方向にだけ進む反応のことを不可逆反応という。たとえば，マグネシウム Mg に塩酸 HCl を作用させると水素 H_2 が発生するが，この逆反応は起こらず不可逆反応である。

$$Mg + 2\,HCl \longrightarrow MgCl_2 + H_2\uparrow \qquad (6\text{-}14)$$ [*18]

*18　反応式中の上向きの矢印"↑"は，特に気体が発生することを表すときに使用する。

6-4-2　正反応と逆反応が釣り合うと

水素 H_2 とヨウ素 I_2 を容器に入れて加熱すると進行する可逆反応（式 6-13）を考えてみよう。

反応がはじまると水素とヨウ素の濃度（モル濃度）は次第に減少し，一方，ヨウ化水素の濃度は増加する（正反応）。ここで水素とヨウ素の消失速度は等しく，ヨウ化水素の生成速度は水素やヨウ素の消失速度の2倍である。ヨウ化水素が生成すると，同時にヨウ化水素分子どうしが出会うことによる反応がはじまり，水素とヨウ素が生成するようになる（逆反応）。各物質の濃度変化の様子を図 6-5 に示す。

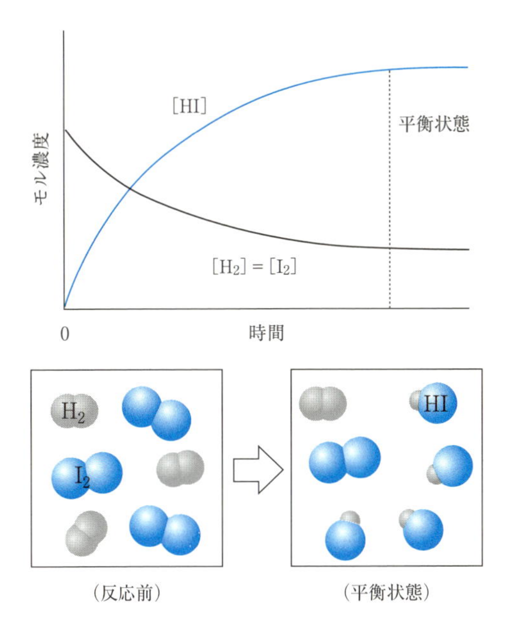

図 6-5　水素 H_2 とヨウ素 I_2 の反応における時間と濃度の関係

反応が進行していくと，ヨウ化水素の濃度は上昇し逆反応の速度（v'）[*19] が次第に大きくなっていく。一方，水素とヨウ素の濃度は減少するため正反応の反応速度（式 6-10　$v = k\,[H_2][I_2]$）は小さくなっていき，やがて両者は等しくなる（$v = v'$）。図 6-6 はこの様子を示している。

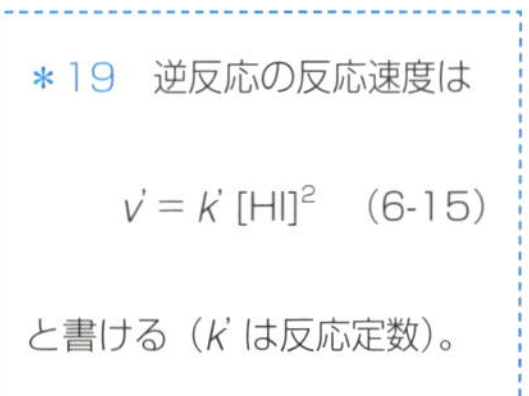
＊19　逆反応の反応速度は

$$v' = k'\,[HI]^2 \quad (6\text{-}15)$$

と書ける（k' は反応定数）。

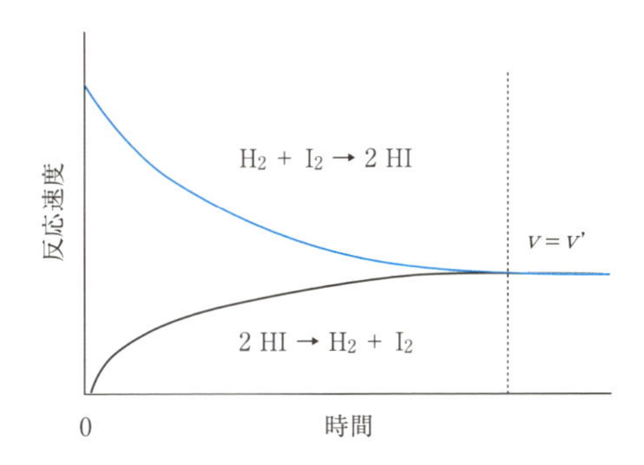

図 6-6　水素 H_2 とヨウ素 I_2 の反応における時間と反応速度の関係

正反応と逆反応の反応速度が等しくなると，反応物と生成物の濃度は変化せず，反応は“止まったように見える”。この状態のことを化学平衡の状態あるいは単に**平衡状態**という。ただし，反応は止まったように見えるだけで，正反応も逆反応も同時に進行しているのである（$v = v' \neq 0$）。

6-4-3　平衡関係を表す

前節で示したように化学反応式 6-13 について，平衡状態のとき $v = v'$ である。したがって式 6-10 および式 6-15 より，

$$k\,[H_2][I_2] = k'\,[HI]^2$$

$$\frac{[HI]^2}{[H_2][I_2]} = \frac{k}{k'} = K\ (一定) \qquad (6\text{-}16)$$

となる。この式は可逆反応の平衡状態における反応物と生成物の濃度の関係を示し，K のことを**平衡定数**という。平衡定数の値は温度が一定であれば，濃度が異なっていてもほぼ一定の値をとる。

一般に，可逆反応（ここで a, b, c, d は物質 A, B, C, D の係数とする）

$$a\,A + b\,B \rightleftarrows c\,C + d\,D \qquad (6\text{-}17)$$

について，次の式が成り立つ。

$$\frac{[C]^c\,[D]^d}{[A]^a\,[B]^b} = K\ (一定) \qquad (6\text{-}18)$$

この関係式のことを**化学平衡の法則**，あるいは質量作用の法則という。

6-4-4　平衡は移動する

平衡状態にある反応系に対して，濃度，圧力，温度などの条件に変化を加えると，正反応あるいは逆反応がある程度進行して新しい平衡状態に達する（平衡の移動）。条件に加える変化と平衡が移動する方向の関係は「変化をやわらげる方向」であり，このことを**ルシャトリエの原理**，あるいは平衡移動の原理という。これを表 6-2 にまとめた。

表 6-2　ルシャトリエの原理

条　件		平衡が移動する方向（反応が進む方向）
濃度	ある物質の濃度を増やす	増えた物質の濃度が減少する方向
	ある物質の濃度を減らす	減った物質の濃度が増加する方向
圧力	高くする	気体全体の物質量が減少する方向
	低くする	気体全体の物質量が増加する方向
温度	高くする	吸熱する方向（吸熱反応の起こる方向）[*20]
	低くする	発熱する方向（発熱反応の起こる方向）[*20]

＊20　吸熱反応，発熱反応については第９章で学ぶ。

反応はあくまでも自然に起こるものであるので，反応系に加えられた条件を緩和する方向に平衡が移動するのである。また濃度の変化に対しては，平衡状態では式 6-18 が成り立つため，平衡定数 K が一定になる方向に平衡が移動すると考えればよい。たとえば式 6-17 について，物質 A あるいは B を反応系に加えた場合（物質 A あるいは B のモル濃度を大きくした場合），式 6-18 の分母が大きくなって，結果として K が小さくなる。K は一定であるので K の値を大きくして元の値になる方向，つまり物質 C および D のモル濃度を上昇させる方向（正反応の進行する方向）に平衡が移動することになる。逆に物質 C あるいは D を反応系に加えると K が大きくなるため，K の値が小さくなる方向，逆反応が進行する方向に平衡が移動する。

たとえば，次の酢酸 CH_3COOH とエタノール CH_3CH_2OH が反応して酢酸エチル $CH_3COOCH_2CH_3$ が生成する可逆反応

$$CH_3COOH + CH_3CH_2OH \rightleftarrows CH_3COOCH_2CH_3 + H_2O \quad (6\text{-}19)$$

について，一定量の酢酸からできるだけ多くの酢酸エチルを製造するには，ルシャトリエの原理からエタノールを過剰に加えてエタノールの濃度を高くすればいいことがわかる[*21]。

なお可逆反応において触媒は，正反応および逆反応の反応速度を大きくして平衡状態に達するまでの時間を短くする効果はあるが，平衡の移動には作用しない。

*21　詳細は 11-5 節を参照。

「コラム／発展」

ハーバー・ボッシュ法とチーグラー・ナッタ触媒：異分野の二人の組み合わせが成し遂げた世紀の大発明

第5章の**「コラム／発展」**でも触れた「ハーバー・ボッシュ法」，第 11 章で触れることになる「チーグラー・ナッタ触媒」，これらはいずれも，F. Haber（ハーバー）と C. Bosch（ボッシュ），K. Zieglar（チーグラー）と G. Natta（ナッタ），という，偉大な発明を成し遂げた２人の名前が付けられている。前者は既述の通り，空気中の窒素からアンモニアを作り出す触媒の開発と工業化に関するもの，後者は，今の私たちの生活に欠かせないポリエチレンやポリプロピレンといったプラスチック（ポリマー）[*22] を作り出す触媒の開発に関するもので，いずれもその後の化学，工業の発展，そして私たちの生活にこれほどにまで大きな影響を与えた発見は少ない。まさに世紀の大発明とよべるものである。

*22　第 11 章参照。

気体の窒素 N_2 と水素 H_2，合わせて4分子が出会って反応し，アンモニア NH_3 とするためにはとてつもない高温高圧条件を必要とする。そのため安価にしかも大量にアンモニアを工業生産するには触媒が不可欠であった。電気化学が専門であったハーバーはこれに興味をもち，1909 年にオスミウム Os 触媒を使ってアンモニアを製造することに成功した。この実験室レベルでの成功を工業化まで導いたのが BASF 社の技術者 A. Mittasch（ミタッシュ）とボッシュであった。触媒探索を担当したミタッシュは四酸化三鉄 Fe_3O_4 からなる触媒が最も有効であることを突き止めた。10 年ほどの間になんと2 万回に及ぶ実験を行ったとのことである。そして高温高圧での反応技術の開発にあたったのが冶金技術者のボッシュであった。

この方法は「水と石炭と空気からパンを作る方法」ともいわれた。アンモニアは肥料の原料として使われ，人類が生きていくために必要な食料生産を支えている。その一方で，アンモニアから製造される硝酸 HNO_3 は爆薬の原料にもなり，この発明によりドイツは第一次世界大戦に踏み出したともいわれるほどである。

有機化学者であるチーグラーはポリエチレンを合成しようとして研究を行っていたわけではなかった。トリエチルアルミニウム $(CH_3CH_2)_3Al$ とエチレン $H_2C=CH_2$ の反応について研究を行っていたところ，2つのエチレンが反応した化合物（1- ブテン $H_2C=CH_2CH_2CH_3$）を得たのである。この原因を追究した結果，反応容器に付着していたニッケル Ni によるものであることがわかった。これをヒントに反応への様々な遷移金属の影響について調べた結果，チタン化合物 $TiCl_4$ を用いると常温常圧でポリエチレンが得られることを見つけたのである。当時，ポリエチレンは高温高圧下で製造されていたため[*23]，まさに常識を覆す発見であった。

＊23　詳細は 11 章を参照。

いち早くチーグラーの研究の価値を理解し，Montecatini 社を通じてチーグラーと契約を結んでいたナッタは，この結果を得てすぐにプロピレン $H_2C=CH\text{-}CH_3$ の重合を行い，$TiCl_3$ を用いてポリプロピレンの合成に成功する。彼はまさに高分子化学者であった。こうして，チーグラー・ナッタ触媒とよばれる触媒が生まれ，その後の高分子化学と高分子工業の歴史的な発展へと繋がるのである。

タイトルにある通り，これらの発明は異分野の研究者の組み合わせによるものであった。だからこそ偉大な発明が達成された。それは偶然ではなく必然であったのだ。

F. Haber（1868～1934）

C. Bosch（1874～1940）

K. Zieglar（1898～1973）

G. Natta（1903～1979）

画像引用
WIKIMEDIA COMMONS

参考文献

牧野　功「国立科学博物館技術の系統化調査報告」12巻，209-272（2008），山本明夫「高分子」42巻，1月号，14-15（1993），山本明夫「高分子」51巻，6月号 459-461（2002）

演習問題

1．次の各現象（反応）について，反応速度に影響を与えているのが以下に示した条件のうち，どれに相当するか答えよ。

（1）鉄 Fe は塊では空気中でゆっくりと反応するが，微粉末状では空気と触れると自然発火して激しく反応する。

（2）線香に火をつけて純粋な酸素中に入れると，激しく燃える。

（3）消毒に使うオキシドール（薄い過酸化水素 H_2O_2 水）を傷口にかけると体にあるカタラーゼ（酵素）が作用して，泡（酸素）が発生する。

（4）食品を冷蔵庫に入れて保存する。

［条件：　濃度　温度　触媒　表面積］

2．次の密閉容器内で化学反応が平衡状態にあるとき，［　］内の操作を行うと，平衡移動が起こるか。起こる場合にはどちらの方向に移動するか。

（1）$2\,CO$（気体）＋ O_2（気体）$\rightleftarrows$ $2\,CO_2$（気体）
［二酸化炭素を除く。］

（2）C（固体）＋ CO_2（気体）$\rightleftarrows$ $2\,CO$（気体）
［C（固体）を加える。］

（3）N_2O_4（気体）$\rightleftarrows$ $2\,NO_2$（気体）
［反応容器の体積を小さくする。］[*24]

（4）H_2（気体）＋ I_2（気体）$\rightleftarrows$ $2\,HI$（気体）
［触媒を加える。］

＊24　体積が一定の場合，圧力は気体の分子数（物質量）に比例する。したがって，気体の反応が平衡状態にあるとき，圧力を増加させると，圧力を減少させる方向，つまり分子数が減少する方向に平衡が移動する。

第7章　酸と塩基

7-1　アレーニウスの酸・塩基

7-1-1　酸とは，塩基とは

水溶液中で水素イオン H^+ を生じる物質を**酸**といい，水酸化物イオン OH^- を生じる物質をアルカリ[*1] あるいは**塩基**という。たとえば，塩化水素 HCl や酢酸 CH_3COOH は水溶液中（塩化水素の水溶液は塩酸という）で電離[*2] して水素イオンを生じる。

$$HCl \longrightarrow H^+ + Cl^- \qquad (7\text{-}1)$$

$$CH_3COOH \rightleftarrows H^+ + CH_3COO^- \qquad (7\text{-}2)$$

しかし実際には，水素イオンは水中で水分子と結合（配位結合[*3]）して，オキソニウムイオン H_3O^+ として存在する。したがって，たとえば式7-1 は次のように表わすことができる。

$$HCl + H_2O \longrightarrow H_3O^+ + Cl^- \qquad (7\text{-}3)$$

一方，塩基である水酸化ナトリウム NaOH やアンモニア NH_3 は水溶液中で次のように電離して水酸化物イオンを生じる。

$$NaOH \longrightarrow Na^+ + OH^- \qquad (7\text{-}4)$$

$$NH_3 + H_2O \rightleftarrows NH_4^+ + OH^- \qquad (7\text{-}5)$$

なお，アンモニアは分子内に水酸化物イオンを含まないが，水溶液中では水と反応して水酸化物イオン（とアンモニウムイオン NH_4^+）が生じるため，塩基としての性質を示すことになる（式 7-5）。

酸と塩基の定義を表 7-1 にまとめる。これを初めて提唱した人物の名前をとって**アレーニウスの定義**[*4] という。

＊1　水によく溶ける塩基を特にアルカリということがある。

＊2　**電　離**
物質が水溶液中等でイオンに分かれること。

＊3　7-3-1 節参照。

＊4　19 世紀末に S. A. Arrhenius（アレーニウス）（1859-1927）が提唱した。

表 7-1　アレーニウスの酸・塩基

アレーニウスの酸／塩基	定　義
酸	水溶液中で電離して水素イオン H^+(オキソニウムイオン H_3O^+) **を生じる**物質
塩　基	水溶液中で電離して水酸化物イオン OH^- **を生じる**物質

7-1-2　酸と塩基の強弱は何で決まるのか

前節の反応式を見て違いに気づいた人もいるだろう。塩化水素（式 7-1）や水酸化ナトリウム（式 7-4）の場合とは違い，酢酸（式 7-2）やアンモニア（式 7-5）の電離の反応式は可逆反応として書かれている。実際，塩化水素や水酸化ナトリウムは水溶液中でほぼ完全に電離している。一方，酢酸やアンモニアはごく一部しか電離せず，平衡状態にある。なお，電離による化学平衡を特に電離平衡という。塩化水素や水酸化ナトリウムのように水溶液中でほとんどすべて電離するような酸・塩基を**強酸**・**強塩基**といい，酢酸やアンモニアのようなものをそれぞれ，**弱酸**・**弱塩基**という。酸や塩基の強弱は水に溶けたとき，どの程度 H^+（H_3O^+）や OH^- を放出できるのかで分類される。例を表 7-2 に示す。

表 7-2　酸・塩基の分類

価数*5	強　酸	弱　酸	強塩基	弱塩基
1	塩化水素 HCl 硝酸 HNO_3	酢酸 CH_3CO_2H 安息香酸 $C_6H_5CO_2H$ フェノール C_6H_5OH	水酸化ナトリウム NaOH 水酸化カリウム KOH	アンモニア NH_3 アニリン $C_6H_5NH_2$
2	硫酸 H_2SO_4	硫化水素 H_2S 炭酸 H_2CO_3	水酸化カルシウム $Ca(OH)_2$	水酸化マグネシウム $Mg(OH)_2$
3		リン酸 H_3PO_4		水酸化鉄 (III) $Fe(OH)_3$

7-1-3　電離定数から酸性の強弱を知る

では弱酸である酢酸は，実際にどの程度電離して水素イオンを出しているのだろうか。

第６章で学んだように酢酸の電離平衡（式 7-2）について，平衡定数を K_a とすると次式 7-6 が成り立つ。なお電離平衡の平衡定数を特に**電離定数**といい，やはり温度が一定であれば一定の値をとる。

$$\frac{[CH_3COO^-][H^+]}{[CH_3CO_2H]} = K_a\ (mol/L) \qquad (7\text{-}6)$$

酢酸の K_a は 25 ℃で 2.7×10^{-5}（mol/L）である（表 7-3）。この

*5　**価　数**
酸 1 分子から生じる水素イオン H^+ の数を酸の価数といい，同様に塩基の組成式に相当する 1 粒子から生じる水酸化物イオン OH^- の数を塩基の価数という。

値はたとえばモル濃度 0.10 mol/L の酢酸水溶液の場合，酢酸分子のうちおよそ 2%の分子が電離していることに相当する[*6]。強酸である塩酸がほぼ 100%電離しているのとは非常に対照的であることがわかるだろう。

同様にアンモニア（式 7-5）の場合にも，$[H_2O]$ は一定と考えることができるため[*7]，平衡定数（電離定数）を K_b とおくと次式 7-7 が成り立つ[*8]。

$$\frac{[NH_4^+][OH^-]}{[NH_3][H_2O]} = K$$

$$\frac{[NH_4^+][OH^-]}{[NH_3]} = K[H_2O] = K_b \quad (mol/L) \qquad (7\text{-}7)$$

代表的な弱酸や弱塩基の電離定数 K_a，K_b の値を見てみよう（表 7-3）。

表 7-3　代表的な弱酸・弱塩基の電離定数（25 ℃）

酸	式	K_a（mol/L）
ギ　酸	$HCO_2H \rightleftarrows H^+ + HCO_2^-$	2.9×10^{-4}
酢　酸	$CH_3CO_2H \rightleftarrows H^+ + CH_3CO_2^-$	2.7×10^{-5}
フェノール	$C_6H_5OH \rightleftarrows H^+ + C_6H_5O^-$	1.3×10^{-10}
塩基	**式**	**K_b（mol/L）**
アンモニア	$NH_3 + H_2O \rightleftarrows NH_4^+ + OH^-$	2.3×10^{-5}
アニリン	$C_6H_5NH_2 + H_2O \rightleftarrows C_6H_5NH_3^+ + OH^-$	5.2×10^{-10}

たとえば，酢酸よりギ酸 HCOOH の電離定数がより大きいことから，ギ酸の方が平衡が正反応側（電離する側）に偏っており，より多くの水素イオンを出す。つまり，より強い酸であるということがわかる[*9]。

実は水もごくわずかに電離して平衡状態（電離平衡状態）にある（式 7-8）。

$$H_2O \rightleftarrows H^+ + OH^- \qquad (7\text{-}8)$$

したがって

$$\frac{[H^+][OH^-]}{[H_2O]} = K\ (一定) \qquad (7\text{-}9)$$

＊6　水素イオン濃度は，その水溶液のモル濃度を c とすると，

$$[H^+] = \sqrt{cK_a}$$

で計算される。

また，溶けている酸（あるいは塩基）の物質量に対する電離している酸（あるいは塩基）の物質量の割合を電離度 α という。したがって，このときの電離度は

$$\alpha = 1.6 \times 10^{-2}$$

である。

＊7　アンモニアの反応は水溶液中で進行する。そのためアンモニア分子の数に対して水分子の数は極端に多い。ごく一部の水分子がアンモニア分子と反応しても全体の水の分子数にはほとんど影響しないため，$[H_2O]$ は一定であると考えることができる。

＊8　酸の電離定数 K_a，塩基の電離定数 K_b の “a”，“b” はそれぞれ，酸 acid，塩基 base を意味している。

＊9　通常，弱酸は非常にわずかに電離している（電離定数が非常に小さい）ので，弱酸としての酸の程度を

$$pK_a = -\log_{10} K_a$$

として表す。たとえば，酢酸の pK_a 値は 4.6，ギ酸は 3.5 であり，pK_a 値が小さいほど強い酸であることを表す。

と書ける（式 7-9）。この式は $[H^+][OH^-] = K[H_2O]$ と変形でき，さらに $[H_2O]$ は一定と考えることができるため[*10]，$K[H_2O] = K_W$（定数）とおける（式 7-10）。

$$[H^+][OH^-] = K_W \qquad (7\text{-}10)$$

この K_W のことを**水のイオン積**といい，25 ℃では 1.0×10^{-14}（$(mol/L)^2$）である。つまり，純粋な水においては

$$[H^+] = [OH^-] = 1.0 \times 10^{-7}\ (mol/L) \qquad (7\text{-}11)$$

である[*11]。

*10　水はごくわずかにしか電離していないため，$[H_2O]$ は水 1 L の物質量（mol）に相当すると考えてよい。水の分子量は 18，密度（25 ℃）は 0.997 g/cm^3 であるので，
　1000 × 0.997 ／ 18
　= 55.4（mol）
つまり，
　$[H_2O]$ = 55.4 mol/l
となり，定数とみなすことができる。

*11　K_W 値は温度によって変化する。

表 7-4　水の K_W 値

温度 ℃	K_W（$(mol/L)^2$）
25	1.0×10^{-14}
40	2.9×10^{-14}
50	5.5×10^{-14}

7-1-4　水素イオン濃度を表す pH

水のイオン積の関係式（式 7-10）は酸や塩基の水溶液でも成り立つ。純水中では上記のように $[H^+] = [OH^-]$（式 7-11）であるが，酸の水溶液では $[H^+] > [OH^-]$（酸性）となり，逆に塩基の水溶液では $[H^+] < [OH^-]$（塩基性）となる。

たとえば，強塩基である水酸化ナトリウム 0.10 mol/L の水溶液中では，水酸化ナトリウムはほぼ 100%電離しているので，$[OH^-]$ = 0.10 mol/L である（式 7-4）。25 ℃での水のイオン積の値（1.0×10^{-14}（$(mol/L)^2$））を用いると，このときの水素イオン濃度は式 7-10 から

$$[H^+] = \frac{K_W}{[OH^-]} = \frac{1.0 \times 10^{-14}}{0.10} = 1.0 \times 10^{-13}\ (mol/L) \qquad (7\text{-}12)$$

と計算でき，非常に小さな値ではあるが，この場合でも水素イオンが存在していることがわかる。なお，この水素イオンは水の電離により生じたものである[*12]。こうしたことから，水溶液の酸性や塩基性の強弱を，特に水素イオン濃度 $[H^+]$ に着目して数値で表すことができ，これを水素イオン指数 pH（“ピーエイチ” とよむ[*13]）という。次式で定義される。

$$pH = -\log_{10}[H^+] \qquad (7\text{-}13)$$
$$([H^+] = 1 \times 10^{-n}\ のとき，pH = n)$$

したがって pH = 7 のとき，$[H^+] = [OH^-]$（$= 1.0 \times 10^{-7}$（mol/L））

*12　水酸化物イオンも水の電離により水素イオンと同じだけ（1.0×10^{-13} mol/L）生じていることになるが，0.10 mol/L に比べて非常に小さいため（$[OH^-]$ = 0.10 + 1.0×10^{-13} mol/L），無視できる。

*13　“ペーハー” ということもある。

であり，この水溶液は中性である。pH の値が７より小さいと水素イオン濃度は大きくなり水溶液は酸性を示す。小さければ小さいほど酸性は強くなる。逆に pH の値が７より大きいとき，水溶液は塩基性である。この関係をまとめると表 7-5 のようになる。

表 7-5　pH と $[H^+]$，$[OH^-]$ との関係

性　質	酸　性							中 性	塩基性						
pH	0	1	2	3	4	5	6	7	8	9	10	11	12	13	14
$[H^+]$	1	10^{-1}	10^{-2}	10^{-3}	10^{-4}	10^{-5}	10^{-6}	10^{-7}	10^{-8}	10^{-9}	10^{-10}	10^{-11}	10^{-12}	10^{-13}	10^{-14}
$[OH^-]$	10^{-14}	10^{-13}	10^{-12}	10^{-11}	10^{-10}	10^{-9}	10^{-8}	10^{-7}	10^{-6}	10^{-5}	10^{-4}	10^{-3}	10^{-2}	10^{-1}	1

たとえば，人間の胃液の主成分は塩酸であり，その pH は１～２である。唾液は 6.5 ～ 7.5 でほぼ中性に近い。また，温泉に行くと温泉の成分表に pH の値が記載されているのを見た人もいるだろう。秋田の玉川温泉は pH ＝ 1.2 の強酸性の温泉として有名である。一方，日本三名泉の一つともされる下呂温泉（岐阜県）は pH ＝ 9.2 と塩基性である。身近なところでは，石けんは水に溶けると塩基性（pH ＝ 9.5 ～ 10 程度）を示す。石けんがヌルヌルするのは塩基性水溶液がタンパク質である皮膚を溶かす性質をもつためである。塩基性の温泉に入るとヌルヌルするのも同じ理由である。また，「酸性雨」という言葉を聞いたことがあるだろう。通常の雨は空気中の二酸化炭素 CO_2 が溶け込むためやや酸性となり（$CO_2 + H_2O \rightleftarrows H_2CO_3$），pH ＝ 5.6 である。酸性雨とは目安としてこの 5.6 よりも小さな値を示す雨のことをさす（本章の「**コラム／発展**」を参照）。

7–1–5　酸と塩基の反応：中和反応

酸と塩基を混ぜるとどのようなことが起きるのだろうか。

たとえば塩酸と水酸化ナトリウム水溶液の反応を考えてみよう。塩化水素は水溶液中で H^+ と Cl^- に電離しており，一方の水酸化ナトリウムも Na^+ と OH^- に電離している。これらを混ぜ合わせてみよう。

$$H^+ + Cl^- + Na^+ + OH^- \longrightarrow Cl^- + Na^+ + H_2O \quad (7\text{-}13)$$

Cl^- と Na^+ は水溶液中でそのままイオンとして存在して変化しないが，H^+ と OH^- は反応して水 H_2O が生じる。これは水のイオン積が $[H^+][OH^-] = 1.0 \times 10^{-14}\ (mol/L)^2$ であることを考えてみるといい。結果として式 7-13 は次のように書ける（式 7-14）。

$$H^+ + OH^- \longrightarrow H_2O \qquad (7\text{-}14)$$

酸と塩基の反応は実質的には H^+ と OH^- が反応して H_2O を生じる反応である。しかし，水溶液を蒸発乾固させると結果として塩化ナトリウム NaCl が回収される。このような塩基の陽イオンと酸の陰イオンからなるイオン結合性物質を**塩**（えん）といい，したがって，酸と塩基の反応（**中和反応**）は“水”と“塩”を与える反応ということになる。これを化学反応式で表すと次のようになる。

$$HCl + NaOH \longrightarrow NaCl + H_2O \qquad (7\text{-}15)$$

以上のことからわかるように，酸と塩基をちょうど中和させるには，酸や塩基の強弱ではなく，酸から出る H^+ の物質量と塩基から出る OH^- の物質量を等しくすればよい。つまり酸や塩基の価数（表 7-2）を合わせるように考えればよい。

たとえば，酢酸は既述のように水溶液中でわずかに電離して H^+ を出す。塩基を加えると，この H^+ は OH^- と反応して消費されてしまうことになるが，H^+ がなくなれば酢酸の電離平衡はルシャトリエの法則にしたがって，ただちに電離が起こる方向に平衡が移動して，新たな H^+ を与えることになる。結果としてすべての酢酸の H^+ は塩基と反応すると考えてよい。たとえば酢酸と水酸化カリウム KOH の中和反応は次のように書ける（式 7-16）。

$$CH_3COOH + KOH \longrightarrow CH_3COOK + H_2O \qquad (7\text{-}16)$$

その他いくつかの中和反応の例を以下に示すことにする。

$$2\,HCl + Ca(OH)_2 \longrightarrow CaCl_2 + 2\,H_2O \qquad (7\text{-}17)$$

$$H_2SO_4 + 2\,NaOH \longrightarrow Na_2SO_4 + 2\,H_2O \qquad (7\text{-}18)$$

$$2\,CH_3COOH + Ba(OH)_2 \longrightarrow (CH_3COO)_2Ba + 2\,H_2O \qquad (7\text{-}19)$$

7-2　ブレンステッド・ローリーの酸・塩基

7-2-1　ブレンステッド・ローリーの酸，塩基とは

塩化水素とアンモニアは，それぞれアレーニウスの酸，塩基であることを学んだ。これらの気体は直接混ぜ合わせても反応が起こり，塩化アンモニウム NH_4Cl の白煙（非常に細かな固体）が生じる（式 7-20）。

$$HCl + NH_3 \longrightarrow NH_4Cl \qquad (7\text{-}20)$$

この塩化アンモニウムは水溶液どうしの中和反応によっても生じるもので，塩（えん）（NH_4^+ と Cl^- のイオン結合性物質）である。このことから酸や塩基を決める際にはアレーニウスの定義のように必ずしも水に溶けている必要はないことがわかる。実際にこの反応でどのようなことが起きているかというと，次のように塩化水素が放出した H^+ をアンモニアが受け取ってアンモニウムイオンが生成している（図 7-1）。

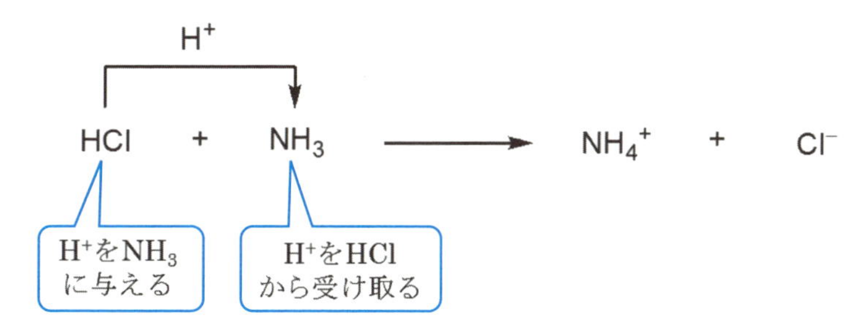

図 7-1　HCl と NH_3 の反応

このことから酸，塩基を H^+ のやりとりを基本にして次のように定義できる（表 7-6）。これを提案した人たちの名前をとって**ブレンステッド・ローリーの定義**[*14]という。

*14　1923 年 に J. N. Brønsted（ブレンステッド）（1879-1947）と T. M. Lowry（ローリー）（1874-1936）によって提案された。

表 7-6　ブレンステッド・ローリーの酸・塩基

ブレンステッド・ローリーの酸／塩基	定　義
酸	他の物質に水素イオン H^+ **を与える**ことのできる物質
塩　基	他の物質から水素イオン H^+ **を受け取る**ことのできる物質

アレーニウスの酸は水素イオンを出すものであるので，これらはブレンステッド・ローリーの酸である。アレーニウスの塩基は水酸化物イオンを出すものであり，OH^- は H^+ を受け取って水になるため，ブレンステ

ッド・ローリーの定義においても塩基である。

7-2-2 酸と塩基の関係は相対的なもの

ここでブレンステッド・ローリーの定義にしたがって，あらためて式7-3を見てみよう（図7-2）。塩酸がオキソニウムイオンを発生する反応であり，塩化水素がアレーニウスの酸であることを示すものである。

この反応の中で，塩化水素は水に水素イオンを与えて塩化物イオンCl^-になり，一方，水は塩化水素から水素イオンを受け取ってオキソニウムイオンになっている。したがって，塩化水素はブレンステッド・ローリー酸であり，水はブレンステッド・ローリー塩基としてはたらいている。

次に式7-5を見てみよう（図7-2）。アンモニアがアレーニウスの塩基であることを示すものである。ここでは，今度は水がアンモニアに水素イオンを与えて水酸化物イオンになり，一方，アンモニアは水から水素イオンを受け取ってアンモニウムイオンに変化している。水はブレンステッド・ローリー酸として作用しており，アンモニアはブレンステッド・ローリー塩基である。

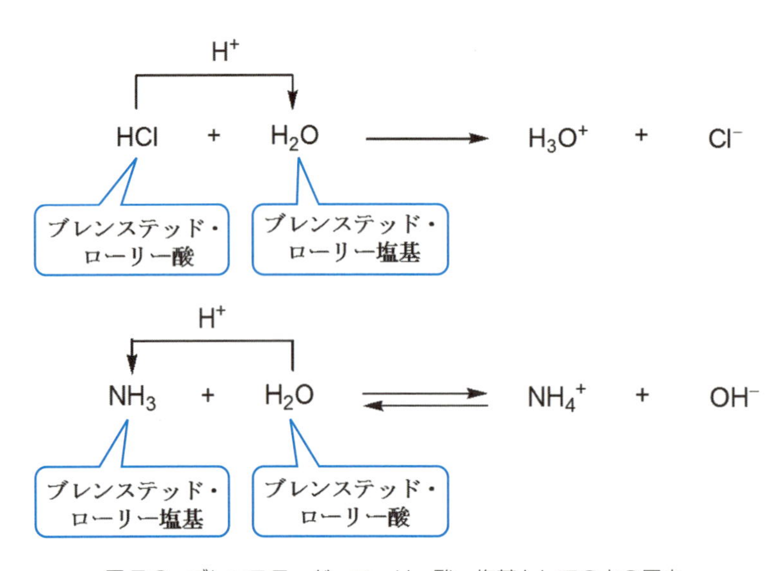

図7-2 ブレンステッド・ローリー酸・塩基としての水の反応

このようにアレーニウスの定義では水は酸でも塩基でもなかったが，ブレンステッド・ローリーの定義により酸あるいは塩基として考えることができるようになるばかりか，反応する相手によって酸としてはたらいたり，塩基としてはたらいたり…というように「酸」「塩基」というのは相手によって変化する相対的なものであることもわかる。

式7-5のアンモニアと水の反応は可逆反応であるので，この逆反応についても考えてみると，アンモニウムイオンは水酸化物イオンに水素イオンを与えてアンモニアになり，一方，水酸化物イオンは水素イオンを受け取って水になったということができる。この場合には，アンモニウムイオンはブレンステッド・ローリー酸であり，水酸化物イオンはブレンステッド・ローリー塩基であるといえる[*15]。

また，第11章（11-5節参照）ではカルボン酸のエステル化反応（エステル基 -COO- をもつ化合物へと変換する反応）について学ぶ。たとえば，酢酸とメタノール CH_3OH などのアルコールとの反応を行うこの過程は硫酸などの強酸を触媒として用いる。この反応の最初の段階は硫酸が水素イオンを放出し，それを酢酸が受け取るというものであり（図7-3），この段階を経て最終的に生成物（エステル）へと変換される。このとき酢酸は水素イオンを受け取るブレンステッド・ローリー塩基として作用している。アレーニウスの定義では酸として考えてきた酢酸であるが，反応する相手によっては塩基としても作用しうることがこのことからもわかる。

＊15　NH_4^+ を NH_3 の「共役酸」，OH^- を H_2O の「共役塩基」という。逆に NH_3 は NH_4^+ の「共役塩基」であり，H_2O は OH^- の「共役酸」であるという。

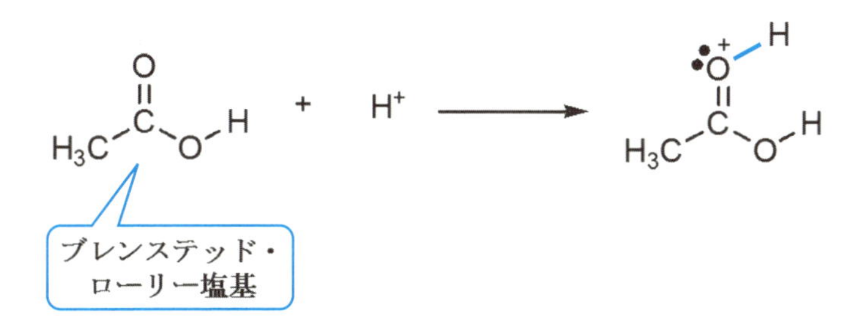

図7-3　酢酸のエステル化反応の反応過程の1つ

ブレンステッド・ローリーの酸・塩基の定義はアレーニウスの酸・塩基の定義を拡張してより多くのものを酸や塩基として考えることができるようにしてくれるものである。

7-3　ルイスの酸・塩基

7-3-1　ルイスの酸，塩基とは

もっと詳しく式7-3を見てみよう（図7-4）。ここでは水素イオンが実際に水とどのように反応しているのかを見てみる。すると，水素イオンは水の酸素原子上の非共有電子対を受け取り，オキソニウムイオンとなり両者の間で**配位結合**[*16]が生じている。これは実質的にはオキソニウムイオン中の共有結合と同じで区別できないものである。

同様にして式7-5のアンモニアと水素イオンの反応について見てみ

＊16　一方の原子の非共有電子対をもう一方の原子と共有することによりできる共有結合のこと。

ると（図 7-4），アンモニアの窒素原子上の非共有電子対を水素イオンが受け取り，配位結合を生じてアンモニウムイオンへと変化している。したがって酸と塩基の反応は，**実際には酸・塩基間で非共有電子対の授受を行うものである**といえる。

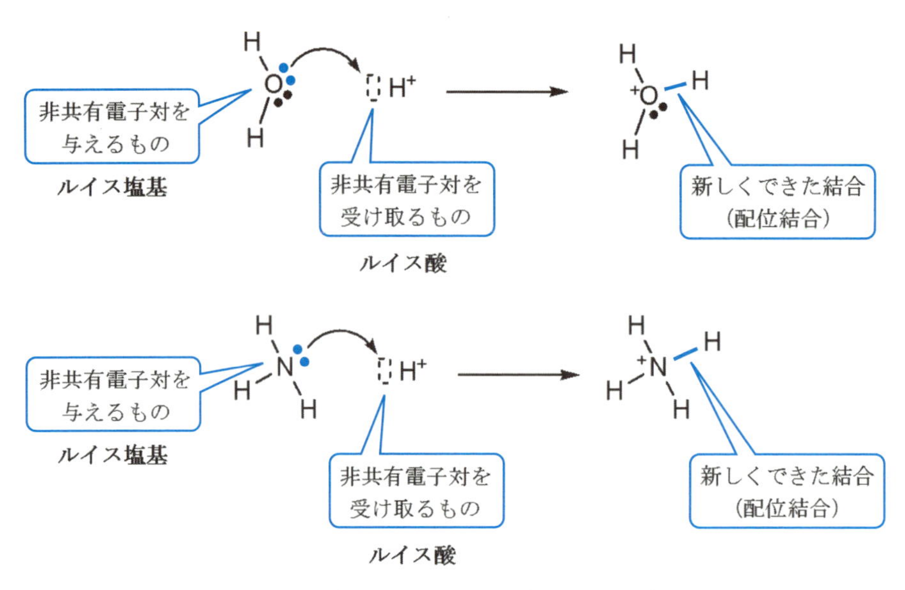

図 7-4　水，アンモニアと水素イオンの反応

このことから酸，塩基を新たに次のように定義できる（表 7-7）。これを提案した人の名前をとって**ルイスの定義**[*17] という。

*17　1923 年 に G. N. Lewis（ルイス）（1875-1946）によって提案された。

表 7-7　ルイスの酸・塩基

ルイスの酸／塩基	定　義
酸	他の物質から**電子対を受け取る**ことのできる物質
塩　基	他の物質に**電子対を与える**ことのできる物質

7-3-2　ルイスの定義が酸・塩基をさらに拡張する

図 7-5 より，アレーニウスの酸・塩基である水素イオンと水酸化物イオンの中和反応においても水酸化物イオンの非共有電子対を水素イオンが受け取り，結果として水を生じていることがわかる。水素イオンの授受を行う限り必ず電子対のやり取りを行うことになり，これまで考えてきた酸・塩基はすべてルイス酸・ルイス塩基に分類できることになる。

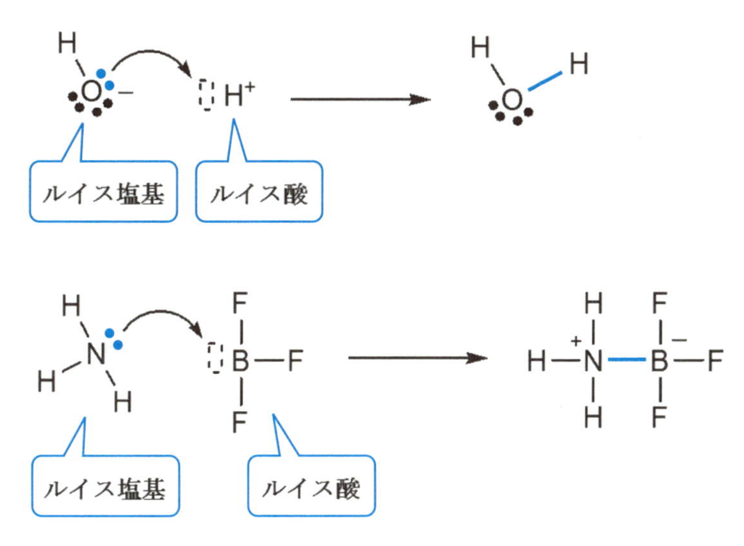

図 7-5　ルイス酸とルイス塩基の反応例

では，水素を含まないような化合物については，どうなるのであろうか。

図 7-5 には三フッ化ホウ素 BF_3 とアンモニアの反応が示されている。BF_3 のホウ素原子 B は空の軌道（p 軌道）をもっているため電子対を受け取ることができる（第２章参照）。一方，アンモニアの窒素原子 N は前述の通り，与えることができる非共有電子対をもっており，両者の間で電子対の授受（反応）が起きる。このとき，BF_3 はルイス酸であり，NH_3 はルイス塩基である。

ルイスの定義ではこのように水素原子を含まない化合物であっても酸と分類できるのである。その他にも遷移金属は空の d 軌道をもつため，多くの化合物がルイス酸としてはたらき，たとえば錯塩（錯体）*18 の形成などがそれにあたる。こうして非常に多くの化合物をルイス酸・ルイス塩基に分類でき，それらの反応を酸と塩基の反応ととらえることができるようになったのである。酸・塩基の定義の関係をまとめると図 7-6 のようになる。

*18　**錯塩（錯体）**
非共有電子対をもった分子や陰イオンが金属イオンに配位結合してできるイオン（錯イオン）を含む塩を錯塩という。たとえば，$[Cu(NH_3)_4]^{2+}$ や $[Fe(CN)_6]^{4-}$ は錯イオンの例である。

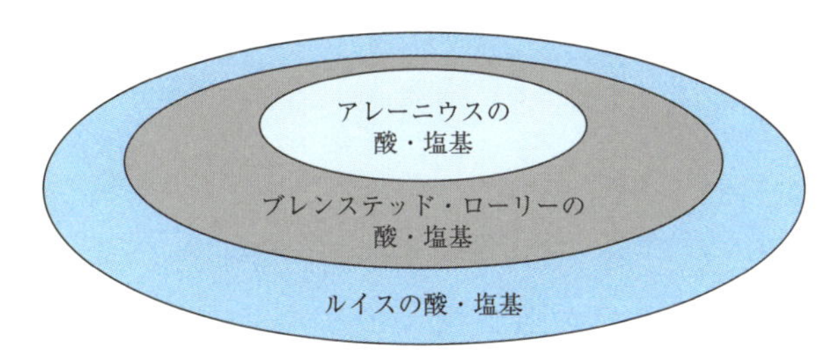

図 7-6　酸と塩基の定義のまとめ

またここで示してきた例からもわかるように，ルイス酸とルイス塩基の反応により配位結合，あるいは結果として共有結合が生じる。実際に多くの反応がこのような電子対の授受による共有結合の形成を考えることで理解でき，特に有機化合物の反応を理解するうえで，このルイス酸・ルイス塩基の考え方は欠かすことのできない重要なものである。

「コラム／発展」

日本の酸性雨の現状は？

7-1-4 節で学んだように酸性雨とは pH = 5.6 よりも小さな値を示す雨のことをさす。酸性雨の原因物質となるのは火力発電所や自動車などの化石燃料の燃焼や火山活動などで排出される硫黄酸化物 SO_X [*19] や窒素酸化物 NO_X（6-3-1 参照）である。これらは大気中で硫酸 H_2SO_4 や硝酸 HNO_3 などの強酸性の物質に変化して，これらが雨に溶け込むことで酸性雨となる。

表 7-8 には日本各地の酸性雨の調査結果（環境省）を示した。東京のはるか南 1,000 km にある小笠原では酸性雨の基準値に比較的近い値，5 年間の平均値で pH = 5.22 という結果であり，このことは人間の活動（化石燃料の燃焼など）による酸性雨の原因物質の発生が少なく，自然により近い状態であることを示している。一方，本州の各地では pH = 4.6 ～ 4.9 という酸性の降水が継続的に観測されており，これは化石燃料の燃焼など，人間の活動がより盛んなことに起因する。ただし，国立環境研究所の調査によれば硫黄酸化物の発生源の 50%近くが中国であるとの推定結果もあり，酸性雨は国境を超えた広い範囲の環境問題であるといえる。そのため，その解決にあたっては各国が協力していく必要がある。

表 7-8　降水中の pH

	場　所	年度（平成）					平均*
		23	24	25	26	27	
日本海側	新潟巻（新潟県）	4.60	4.62	4.65	4.67	4.65	4.64
日本海側	越前岬（福井県）	4.63	4.57	4.60	4.64	4.68	4.62
日本海側	蟠竜湖（島根県）	4.58	4.51	4.63	4.59	4.65	4.60
太平洋側	箟　岳（宮城県）	—	4.93	4.98	5.05	4.90	4.97
太平洋側	東　　京	4.79	4.88	5.03	4.83	4.81	4.86
太平洋側	尼　崎（兵庫県）	4.84	4.71	4.79	4.65	4.81	4.76
太平洋側	小笠原（東京都）	5.34	5.37	5.22	5.07	5.20	5.22

*降水量加重平均（環境省「酸性雨調査結果」より）

*19　二酸化硫黄 SO_2 や三酸化硫黄 SO_3 などの硫黄酸化物を SO_X（ソックス）という。SO_2 は空気中で（酸化されて）SO_3 になり，これが水に溶けて亜硫酸 H_2SO_3 や硫酸 H_2SO_4 になる。

演習問題

1．次の各物質の電離定数 K_a，K_b の値を比較して，どちらがより強い酸，あるいはより強い塩基であるか答えよ。

（1）酢酸 $K_a = 2.7 \times 10^{-5}$　フェノール $K_a = 1.3 \times 10^{-10}$

（2）酢酸 $K_a = 2.7 \times 10^{-5}$　安息香酸 C_6H_5COOH $K_a = 1.0 \times 10^{-4}$

（3）アンモニア $K_b = 2.7 \times 10^{-5}$　アニリン $K_b = 5.2 \times 10^{-10}$

2．次の各反応について，酸としてはたらいている物質と塩基としてはたらいている物質をそれぞれ答えよ。

（1）$NH_4^+ + OH^- \longrightarrow NH_3 + H_2O$

（2）$CH_3COO^- + HCl \longrightarrow CH_3COOH + Cl^-$

（3）$CO_3^{2-} + H_2O \longrightarrow HCO_3^- + OH^-$

（4）$BF_3 + H_2O \longrightarrow F_3B^-\text{—}O^+H_2$

（5）$CH_3COOH + TiCl_4 \longrightarrow H_3C\text{—}C(=O^+\text{—}{}^-TiCl_4)\text{—}O\text{—}H$

第8章　酸化と還元

8-1　酸化と還元

8-1-1　酸化とは，還元とは

これまでに見てきたメタン CH_4 が燃える反応，銅 Cu が緑青 CuO を生じる反応（第6章），携帯カイロの中で鉄 Fe が酸化鉄(Ⅲ) Fe_2O_3 に変化する反応（第5章）などはどれも様子は異なるが，酸素と結びつく同種類の反応として分類できる。

このように「物質が酸素と化合する反応のことを**酸化**」という。逆に「酸素の化合物（**酸化物**）が酸素を失う反応を**還元**」という。たとえば，銅 Cu が酸化銅(Ⅱ) CuO を生じる反応（式 8-1）では，銅は「酸化された」などと表現される。

$$2\,Cu + O_2 \longrightarrow 2\,CuO \qquad (8\text{-}1)$$

鉄や銅などの多くの金属は酸化物などの状態で存在し[*1]，人はこれを単体に変換して利用している。鉄は赤鉄鉱（主成分 Fe_2O_3）などの鉄鉱石を溶鉱炉（高炉）の中でコークス（C）や一酸化炭素 CO と反応させることにより得られ[*2]，たとえば次のような反応式で示される（式 8-2）。このとき，酸化鉄(Ⅲ) は「還元された」などと表現される。

$$Fe_2O_3 + 3\,CO \longrightarrow 2\,Fe + 3\,CO_2 \qquad (8\text{-}2)$$

なお，式 8-2 において一酸化炭素は酸素と化合して二酸化炭素 CO_2 になっているので，このとき一酸化炭素は酸化されている。つまり，酸化と還元が同時に起きている。詳細は後述するが（8-1-2 節参照），『酸化と還元は常に同時に起きる』ものである[*3]。

酸化と還元は，酸素だけでなく水素のやり取りについても考えることができる。例として過酸化水素 H_2O_2 と硫化水素 H_2S[*4] の反応をみてみよう（式 8-3）。

*1　金 Au，白金 Pt，水銀 Hg などのごく限られた金属が単体として産出される（8-2-2 節参照）。

*2　このようにして得られた鉄は通常，炭素を3～4%含み，銑鉄とよばれる。

*3　式 8-1 においても酸素 O_2 は還元されており，やはり酸化と還元は同時に起きている。

*4　怪我をしたときに消毒薬として使うオキシドールは過酸化水素の希薄な水溶液である（約3%）。また，硫化水素は常温常圧で腐卵臭をもつ有毒の重い無色の気体で，火山性ガスなどに含まれるため，くぼ地にたまり死亡事故がニュースになることもある。

$$H_2O_2 + H_2S \longrightarrow 2\,H_2O + S \qquad (8\text{-}3)$$

この反応で，過酸化水素は酸素を失って水になっていることから還元されていることがわかる。上述のように酸化と還元は同時に起きることから，このとき硫化水素は酸化されていることになる。実際には硫化水素は水素を失って硫黄 S になっている。

つまり，「物質が水素を失う反応は酸化」であり，逆に「物質が水素を受け取る反応は還元」である。

8-1-2　酸化・還元で起きていること

酸素や水素のやり取りに着目して酸化や還元を考えることができることが分かった。これらの反応ではどのようなことが起きているのかをもう少し詳しく見てみよう。

式 8-1 において Cu は Cu^{2+} に変化している（CuO は Cu^{2+} と O^{2-} からなるイオン結合性物質である)。したがって，銅については電子 “e^-” を含むイオン反応式[*5]，式 8-4 で示される反応が起きていることになる。つまり電子を放出している。一方，酸素分子を形成している電気的に中性な酸素原子は電子を受け取って O^{2-} へと変化している（式 8-5)。

＊5　反応に関係するイオンをイオン式で示した反応式。左右両辺で各元素の原子数が等しいことに加え，電荷の総和も等しい。

$$2\,Cu \longrightarrow 2\,Cu^{2+} + 4\,e^- \qquad (8\text{-}4)$$

$$O_2 + 4\,e^- \longrightarrow 2\,O^{2-} \qquad (8\text{-}5)$$

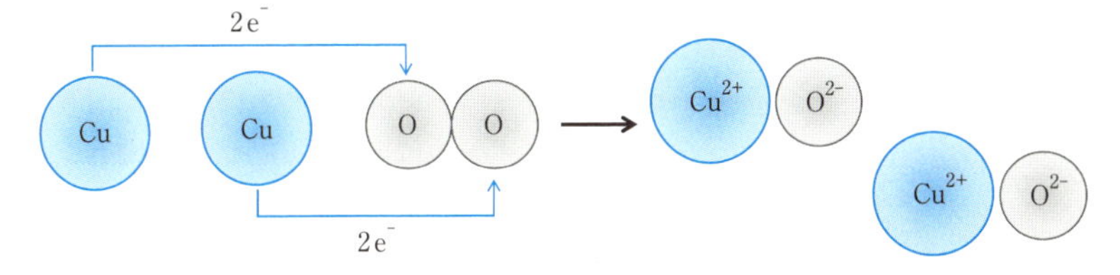

図 8-1　銅 Cu と酸素 O_2 の反応

式 8-4 と式 8-5 を合わせて考えると，Cu が放出した電子を O が受け取り，それぞれ Cu^{2+} と O^{2-} に変化したことがわかる（図 8-1)。酸化と還元は実際には電子のやり取りをしているのである。結果として「物質が電子を失う反応が酸化」であり，逆に「物質が電子を受け取る反応が還元」であるということができる。また，こうして電子を出すものがいれば必ず受け取るものがいるので，**酸化と還元は常に同時に起きる**ことになる。したがって，このような反応を**酸化還元反応**という。

電子に着目して考えることで，たとえば次のような酸素も水素も含まない反応についても酸化と還元を考えることができる（式 8-6)。

$$Cu + Cl_2 \longrightarrow CuCl_2 \qquad (8\text{-}6)$$

この反応では，式 8-7，式 8-8 で示されるような電子のやり取りをしている。銅は電子を失っているので酸化されており，塩素は電子を受け取っているので還元されている[*6]。

$$Cu \longrightarrow Cu^{2+} + 2\,e^- \qquad (8\text{-}7)$$

$$Cl_2 + 2\,e^- \longrightarrow 2\,Cl^- \qquad (8\text{-}8)$$

以上の酸化と還元の関係を表 8-1 にまとめた。

表 8-1　酸化と還元：まとめ

	酸　化	還　元
酸素原子	物質が酸素原子を**得る**	物質が酸素原子を**失う**
水素原子	物質が水素原子を**失う**	物質が水素原子を**得る**
電　子	物質が電子を**失う**	物質が電子を**得る**
酸 化 数	増加する	減少する

8－2　身の周りの酸化還元反応

8－2－1　酸化させるもの・還元させるもの

酸化と還元は電子のやり取りで考えることができるので，必ず同時に起きることを学んだ。いい方をかえれば，自分が還元されるということは（相手から電子を奪って）相手を酸化することになり，逆に自分が酸化されるということは（相手に電子を与えて）相手を還元することになる。このように

- 相手の物質を酸化する物質を**酸化剤**
- 相手の物質を還元する物質を**還元剤**

という。反応の中で酸化剤は還元され，還元剤は酸化されることを確認しよう。

チオ硫酸ナトリウム $Na_2S_2O_3$ は水槽，アクアリウムに使う水道水の塩素除去剤などとして利用されている還元剤である。またお茶や食品には酸化防止剤として亜硫酸ナトリウム Na_2SO_3 やビタミン C[*7] などが添加されている。これらは自らが酸化されることで食品の酸化を防ぐので，つまり還元剤としてはたらく。塩素系漂白剤の主成分である次亜塩素酸ナトリウム NaClO と酸性のトイレ用洗剤（主成分 HCl）を混ぜる

[*6] **酸化数**　式 8-6 のようにイオン結合性物質の酸化還元反応は電子のやり取りを考えやすいが，たとえば式 8-3 のような共有結合性物質の反応では電子のやり取りははっきりしない。それを考える方法に「酸化数」がある。酸化数を考えることにより次のようにいえる。

「反応の前後で，酸化数が増加している原子は酸化されており，酸化数が減少した原子は還元されている。」

酸化数の決め方

- 単体の酸化数は 0
- 単原子イオンの酸化数はそのイオンの価数に等しい（Cu^{2+} +2）
- 化合物中の水素原子の酸化数は +1，酸素原子の酸化数は -2
- 化合物中の成分原子の酸化数の総和は 0
- 多原子イオン中の成分原子の酸化数の総和はそのイオンの価数に等しい（OH^-：O -2，H +1）

ただし，過酸化水素 H_2O_2 の酸素の酸化数は -1，などの例外もある。また，酸化数の増減の和は 0 である。

例を以下に挙げる（青字が酸化数）。

$$2\,CuO + C \rightarrow 2\,Cu + CO_2$$
+2 -2　0　　0　+4 -2

炭素 C は 0 から +4 に増加したので酸化されており，銅 Cu は +2 から 0 に減少したので還元されている。

$$H_2O_2 + H_2S \rightarrow 2\,H_2O + S$$
+1 -1　+1 -2　+1 -2　0

酸素 O は -1 から -2 に減少しているので還元されており，硫黄 S は -2 から 0 に増加したので酸化されている。

と塩素 Cl_2 が発生するので危険である。このとき NaClO は酸化剤として，HCl は還元剤として作用する（式 8-9）

$$NaClO + 2\ HCl \longrightarrow NaCl + H_2O + Cl_2 \qquad (8\text{-}9)$$

＊7

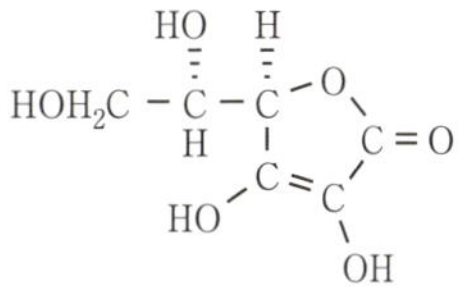

図 8-2 ビタミン C の構造

代表的な水質を表す指標として，**化学的酸素要求量**（Chemical Oxygen Demand, **COD**）というものがある。この指標は水中に溶けている有機物を酸化分解するのに必要な酸化剤の量を酸素の量に換算した数値で，mg/L という単位で示される（1 L の試料水中に含まれる有機物の分解に必要な酸素の重さ mg）。この値が高いほど水中に有機物が多く存在し，汚れていることになる。測定に使用される酸化剤として過マンガン酸カリウム $KMnO_4$ や二クロム酸カリウム $K_2Cr_2O_7$ がある。いずれも強い酸化剤であり，これらが酸化剤としてはたらく際の電子 e^- を含む形でのイオン反応式を以下に示す（式 8-10，式 8-11）。式から電子を奪い取って自らは還元されていることがわかる[*8]。また酸素で酸化する場合のイオン反応式は式 8-12 のようになる。

$$MnO_4^- + 8\ H^+ + 5\ e^- \longrightarrow Mn^{2+} + 4\ H_2O \qquad (8\text{-}10)$$

$$Cr_2O_7^{2-} + 14\ H^+ + 6\ e^- \longrightarrow 2\ Cr^{3+} + 7\ H_2O \qquad (8\text{-}11)$$

$$O_2 + 4\ H^+ + 4\ e^- \longrightarrow 2\ H_2O \qquad (8\text{-}12)$$

＊8　式 8-10 において Mn の酸化数は +7 から +2 に，式 8-11 において Cr の酸化数は +6 から +3 に減少しており，これらが還元されていることが確認できる。また，式 8-12 では，O の酸化数は 0 からに -2 になっている。

過マンガン酸カリウムの水溶液（MnO_4^-）は赤紫色であり，これが還元されて Mn^{2+} になるとほぼ無色に変化する[*9]。分析的には色の変化が明瞭であるため，試料の酸化に要する過マンガン酸カリウムの量を知るのに都合がいいという利点がある。なお，化学的酸素要求量の詳細については，あとの「**コラム／発展**」で触れることにする。

＊9　二クロム酸カリウム水溶液（$Cr_2O_7^{2-}$）は赤橙色，Cr^{3+} 水溶液は緑色である。

8-2-2　金属の陽イオンへのなりやすさ

アルミニウム Al の粉末を他の金属の酸化物，たとえば酸化鉄(Ⅲ) Fe_2O_3 と混ぜて点火すると，激しい発熱を伴って次の反応が起きる（式 8-13）。

$$2\ Al + Fe_2O_3 \longrightarrow Al_2O_3 + 2\ Fe \qquad (8\text{-}13)$$

発熱により 3,000 ℃以上の高温になり，融けた鉄の単体 Fe が生成するため，この反応は鉄道のレールの溶接などに利用されている。これをテルミット法という。

ここではアルミニウムが還元剤としてはたらく酸化還元反応が起きており，Al は（酸化されて）Al^{3+} に，一方で Fe^{3+} は Al の電子を受け取って（還元されて）Fe に変化する。このことから金属の種類によって陽イオンへのなりやすさが異なることがわかる。

硫酸銅(Ⅱ) $CuSO_4$ の水溶液に鉄 Fe を浸すと，次の反応が起きて銅 Cu が析出する（式 8-14）[*10]。

$$Cu^{2+} + Fe \longrightarrow Cu + Fe^{2+} \qquad (8\text{-}14)$$

この酸化還元反応では Cu^{2+} が還元されて Cu に，Fe が酸化されて陽イオン Fe^{2+} になる。つまり，Fe のほうが Cu よりもより陽イオンになりやすいといえる。

金属が陽イオンになろうとする性質のことを**金属のイオン化傾向**という。そしてイオン化傾向の大きい順に並べたものをイオン化列といい，次のような順になる[*11]。

イオン化列

㊅ Li ＞ K ＞ Ca ＞ Na ＞ Mg ＞ Al ＞ Zn ＞ Fe ＞ Ni ＞ Sn ＞ Pb ＞ (H_2) ＞ Cu ＞ Hg ＞ Ag ＞ Pt ＞ Au ㊇

イオン化傾向の大きな金属は酸化されやすく（相手に電子を与えやすく強い還元剤であり），つまり反応性が大きい。たとえば，リチウム Li，カリウム K，カルシウム Ca，ナトリウム Na は空気中の水分とも反応してしまうので，空気中で取り扱うことさえ難しい。水との反応は爆発を伴うほど激しく起きることもある（たとえば式 8-15）。

$$2\,Na + 2\,H_2O \longrightarrow 2\,NaOH + H_2 \qquad (8\text{-}15)$$

一方，イオン化傾向の小さい白金 Pt や金 Au は反応性が非常に小さく，酸化力の強い硝酸 HNO_3 や熱濃硫酸 H_2SO_4 をもってしても反応せず，それゆえ自然界においても金属単体として産出される（8-1-1 節参照）。

メッキとは主に金属の腐食（さびること）を防ぐため，金属表面を他の金属で覆うことをいう。たとえば鉄 Fe は空気中で酸化されてさび（Fe_2O_3 など）を生じる。

鋼板（鉄板）の表面にスズ Sn メッキを施したものをブリキといい，昔のおもちゃや缶詰の缶の内側などがこれで作られている。スズは鉄よ

＊10　析出する銅が鉄の表面に樹枝状に成長した銅樹とよばれる様子が観察される。一般に金属樹といわれ，その他にも用いる金属の種類により銀樹，鉛樹などがある。

＊11　水素電極を基準として測った各金属の電極の電位を標準電極電位（単位 V（ボルト））といい，この値が小さいほど電子を放出しやすい（陽イオンになりやすい）。イオン化列はこの標準電極電位により決められている。

りもイオン化傾向が小さいため，鉄を覆って酸化から守ることで鉄をさびにくくする。しかし一度表面が傷つき，鉄が露出するとスズよりも鉄が先に酸化されてしまうため，傷がつきにくいようなところに使用しなければならない[*12]。

一方，鋼板の表面に亜鉛 Zn メッキを施したものをトタンという。亜鉛は鉄よりもイオン化傾向が大きい金属であるが，表面に酸化被膜を作るため内部を保護するだけでなく，傷がついてもイオン化傾向の大きい亜鉛が先に酸化されるので，鉄をさびにくくする効果がある。したがって，屋根のような傷がついてもいい屋外建材などとして使用されている。

*12

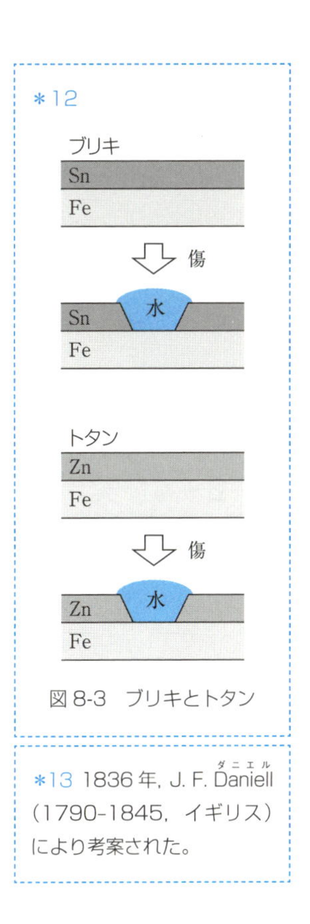

図 8-3　ブリキとトタン

8-2-3　電池はどのような仕組みなのか

酸化還元反応は 2 つの物質（酸化剤と還元剤）の間で電子のやり取りを行うものであるので，これを利用して電子の流れをつくりだし，化学反応のエネルギーを直流の電気エネルギーとして取り出す装置のことを**電池**という。今は使用されていないが，まずはダニエル電池[*13]といわれる電池でその仕組みを考えることにしよう（図 8-4）。

*13 1836 年，J. F. Daniell（1790-1845，イギリス）により考案された。

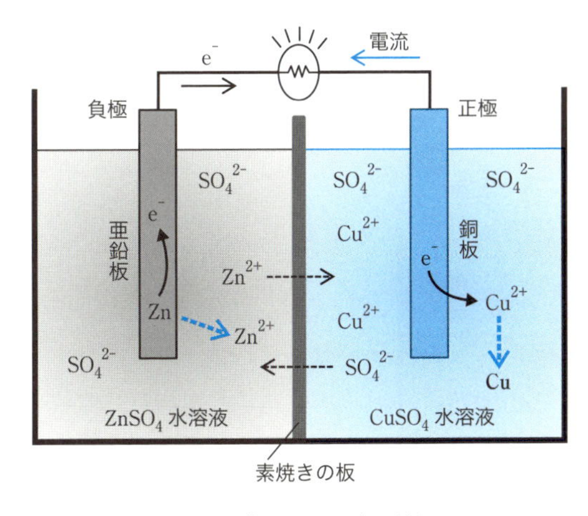

図 8-4　ダニエル電池の仕組み

装置は亜鉛 Zn 板を薄い硫酸亜鉛 $ZnSO_4$ 水溶液に浸し，銅 Cu 板を濃い硫酸銅（Ⅱ）$CuSO_4$ 水溶液に浸して両水溶液を素焼きの板[*14]で仕切り，亜鉛板と銅板を導線で結ぶと電気が流れるというものである。亜鉛 Zn と銅 Cu では亜鉛の方がイオン化傾向が大きいため，亜鉛が電子を放出し（酸化され），銅イオン Cu^{2+} が電子を受け取る（還元される）反応が起きる（式 8-16，式 8-17）。

*14　素焼きの板はイオンの拡散を抑えて水溶液が混合するのを遅らせる働きをする。

負極　$Zn \longrightarrow Zn^{2+} + 2\,e^-$　(8-16)

正極　$Cu^{2+} + 2\,e^- \longrightarrow Cu$　(8-17)

（全体として　$Zn + Cu^{2+} \longrightarrow Zn^{2+} + Cu$）

したがって，亜鉛板上で発生した電子は導線を伝わって銅板上へ移動し，そこで銅イオンに電子が受け渡される。つまり電流は電子の流れとは逆の銅板側から亜鉛板側へ流れることになる。なお，亜鉛板や銅板のことを**電極**といい，電流が流れだす（電子が流れ込む）電極のことを**正極**（この場合には銅板），電流が流れ込む（電子が生じる）電極（この場合には亜鉛板）のことを**負極**という[*15]。また両極間に生じる電圧のことを**起電力**といい，ダニエル電池の場合には 1.1 V（ボルト）である。

＊15　正極のことをカソード，負極のことをアノードともいう。電気分解の場合には陽極をアノード，陰極をカソードという。（10-2-2 節参照）

8-2-4　実用電池：その1

充電が可能な電池のことを**二次電池**といい，充電できない電池を**一次電池**という。ダニエル電池は一次電池である。自動車のバッテリーとし利用されている**鉛蓄電池**は繰り返し充電して使える二次電池である。

鉛蓄電池は負極として鉛 Pb 板，正極として酸化鉛(Ⅳ) PbO_2 板を使い，これらを希硫酸 H_2SO_4 に浸して構成される（図 8-5）。

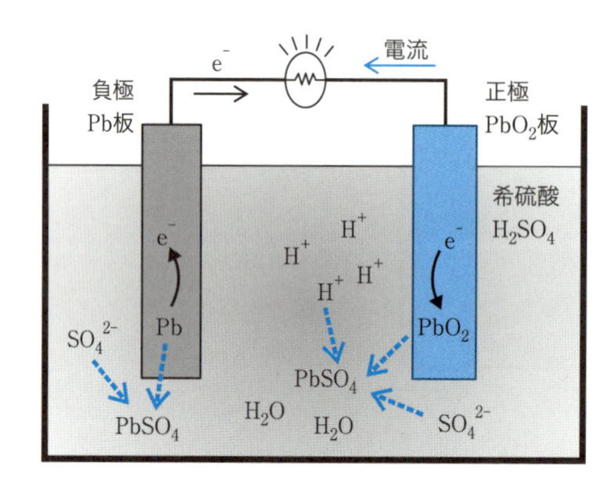

図 8-5　鉛蓄電池の仕組み

それぞれ負極（酸化），正極（還元）では次の反応が起きる（式 8-18，式 8-19）。両極で水に溶けにくい白色の硫酸鉛(Ⅱ) $PbSO_4$ が生じてくる。起電力は約 2.1 V である[*16]。

＊16　放電すると硫酸が反応に使用されて濃度が減少するため，起電力が低下する。

負極　$Pb + SO_4^{2-} \longrightarrow PbSO_4 + 2\,e^-$　(8-18)

正極　$PbO_2 + 4\,H^+ + SO_4^{2-} + 2\,e^- \rightarrow PbSO_4 + 2\,H_2O$　(8-19)

（全体として　$Pb + PbO_2 + 2\,H_2SO_4 \longrightarrow 2\,PbSO_4 + 2\,H_2O$）

また充電は，たとえば自動車の場合にはオルタネーターといわれる発電機を用いて放電とは逆に電流をして，それぞれ放電時とは逆向きの反応を起こすことで行われる*17。主に電極に付着した$PbSO_4$が変化して元の状態に戻る（式8-20，式8-21）。

*17　電気分解については10-2-2節参照。

負極　$PbSO_4 + 2\,e^- \longrightarrow Pb + SO_4^{2-}$　(8-20)

正極　$PbSO_4 + 2\,H_2O \rightarrow PbO_2 + 4\,H^+ + SO_4^{2-} + 2\,e^-$　(8-21)

その他のいくつかの電池について簡単にまとめた（表8-2）。なお，リチウムイオン電池と燃料電池については，第10章で詳しく述べることにする。

表8-2　実用電池の例：まとめ

種類	電池	負極	電解質	正極	起電力
一次電池	マンガン電池	Zn	$ZnCl_2$ aq. NH_4Cl aq.	MnO_2	1.5 V
	アルカリマンガン電池	Zn	KOH aq.	MnO_2	1.5 V
二次電池	ニッケル・カドミウム電池	Cd	KOH aq.	NiO(OH)	1.3 V
	ニッケル・水素電池	水素貯蔵合金	KOH aq.	NiO(OH)	1.3 V

aq.: 水溶液

「コラム／発展」

水質をみる：化学的酸素要求量（COD）

生活排水や工場排水などに含まれる有機物が多量に排出されると，微生物による有機物の分解のために水中に溶けている酸素（溶存酸素）が使われて減少する。すると魚などの水生生物が生息できなくなってしまう。その他にも植物の栄養素となる窒素Nやリン Pが流れ込むと植物性プランクトンの繁殖に繋がり，これは有機物が生産されているのと同じ状況となるため，結果として溶存酸素が減少して水質を悪くする。

したがって有機物としての炭素Cと窒素，リン*18の量は水質を測る上での重要な指標となる。このうち，炭素の量の指標となるものに前出の化学的酸素要求量（COD）と生物化学的酸素要求量（BOD）*19がある。

「環境基本法」では水質について維持することが望ましい基準，**環境基準**（水質汚濁に係る環境基準）が定められている。このうちの「生活環境の保全に関する環境基準」*20として，CODやBODの値が使われており，河川，湖沼（こしょう），海域ごとに，さらにその水の用途に分けられて基準値（日間平均値）決められている。河川についてはBODの値が，湖沼と海域についてはCODの値が用いられ，たとえば，河川の水道1級（ろ過などによる簡易な

*18　植物の肥料に必要な三大栄養素は窒素，リン，カリウムKである。そして窒素とリンについて，それぞれ「全窒素」，「全燐（りん）」という指標が使われる。

*19
生物化学的酸素要求量（Biochemical Oxygen Demand, BOD）
代表的な水質を表す指標の1つで，好気性微生物が水中に溶けている有機物を分解する際に消費される酸素の量（単位mg/L）で表わされる。値が高いほど水中に有機物が多く存在し，汚れていることになる。

*20　ほかに「人の健康の保護に関する環境基準」があり，この中ではカドミウムCd，鉛Pb，水銀Hgなど，物質ごとにすべての水域（公共用水域）について基準値（年間平均値）が定められている。たとえば，「カドミウム：0.01 mg/L以下」，「ベンゼンC_6H_6：0.01 mg/L以下」などとなっている。

浄水操作を行うもの）は「1 mg/L 以下（BOD）」，湖沼の水道 1 級は「1 mg/L 以下（COD）」など，というようになっている。

近年の水質に関する環境基準の達成率を表 8-3 に示した。河川の環境基準達成率は高い値［2014 年度 93.9%（2,558 水域）］で推移している。これは河川では数日間で海域などへと汚濁物質が流出し，水質が改善されやすいということにもよる。これに対して，特に閉鎖された水域，湖沼やたとえば東京湾，伊勢湾，大阪湾などの海域で達成率が低くなり，結果として湖沼では 55.6%（2014 年度）などとなっている。背後に大都市があって汚濁物質が流入しやすいことや，閉鎖的な水域では汚濁物質が蓄積して改善が進みにくいなどのためである。

表 8-3　水質汚濁に係る環境基準達成率（環境省）

水域（測定項目）	達成率（%）		
	2014 年度	2013 年度	2012 年度
河川（BOD）	93.9	92.0	93.1
湖沼（COD）	55.6	55.1	55.3
海域（COD）	79.1	77.3	79.8

なお，COD の測定に用いられる酸化剤として，日本では過マンガン酸カリウム $KMnO_4$ が規定されており（区別するため COD_{Mn} と表記される），諸外国ではニクロム酸カリウム $K_2Cr_2O_7$ が主流（COD_{Cr}）である。ニクロム酸カリウムの方が酸化力が強いので，COD の値を比較する際には注意する必要がある。

演 習 問 題

1．次の反応で酸化剤としてはたらいている物質はどれか答えよ。

（1）$CH_4 + 2\,O_2 \longrightarrow CO_2 + 2\,H_2O$

（2）$CuO + H_2 \longrightarrow Cu + H_2O$

（3）$2\,Na + Cl_2 \longrightarrow 2\,NaCl$

（4）$Cl_2 + 2\,KI \longrightarrow 2\,KCl + I_2$

2．次の変化をイオン反応式で示し，酸化された物質を答えよ。

（1）硫酸銅（Ⅱ）水溶液に亜鉛を浸すと，銅が析出する。

（2）硝酸銀水溶液に銅を浸すと，銀が析出する。

（3）塩化スズ（Ⅱ）水溶液に亜鉛を浸すと，スズが析出する。

第 9 章　化学熱力学

9-1　化学反応に伴うエネルギー変化

エネルギーとその変換を取り扱う学問として**熱力学**があり，この考え方を化学反応のエネルギー変化に適用して，化学反応の起こりやすさや熱のやり取りを扱うのが**化学熱力学**である。ここでは**エネルギー保存の法則**とも呼ばれる**熱力学第一法則**をもとに化学変化に伴う熱量が推定されることや，**自然界で起きる現象は乱雑さが増大する方向に進む**という**熱力学第二法則（エントロピー増大の法則）**をもとに化学反応の自発性を議論することができることを学ぶ。

9-1-1　系と外界

化学熱力学において重要なキーワードに**系**（けい）と**外界**（がいかい）という定義がある。化学変化や物質の相変化（物質の固体，液体，気体などへの変化）に伴うエネルギー変化を取り扱う場合には，限定された空間で生じるエネルギーの変化を考える。その限定された空間を「系」，それ以外の空間を「外界」と区別する。化学反応に伴うエネルギー変化では反応物と生成物が系に相当し，それ以外の全て（反応容器やその外側にあるものなど）は外界である。

系には**開放系**，**閉鎖系**，**孤立系**がある[*1]。開放系は物質もエネルギーも外界と行き来ができる系である。例えると，ガスコンロで過熱されているフタをしていない鍋に入っている水が「開放系」である。鍋の中の液体の水は鍋を通してガスコンロの炎から「熱」というエネルギーを得て，水蒸気（気体の水）となって外界へ出ていく。

「閉鎖系」ではエネルギーは外界と系を行き来することはできるが，物質は外界に出ることはできない。図 9-2 に閉鎖系の例として，密閉されているが自由にピストンが動くことができる（摩擦がない）シリンジ（注射器）内で水素ガスと酸素ガスから水が生成する反応を示す。

$$2\,H_2(g)\ +\ O_2(g)\ \rightarrow\ 2\,H_2O(\ell) \qquad (9\text{-}1)^{*2}$$

*1

開放系
（物質もエネルギーも移動可）

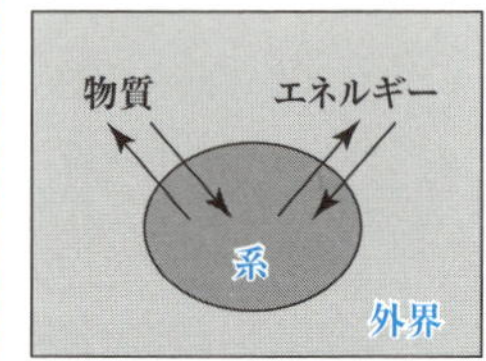

閉鎖系
（エネルギーのみ移動可）

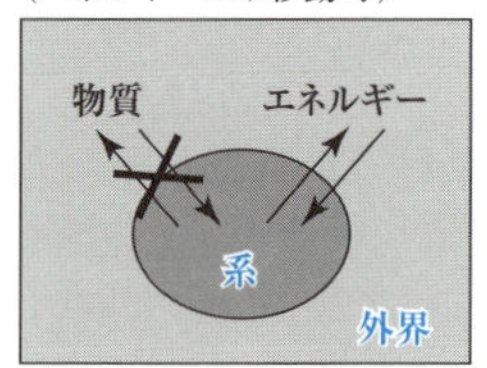

孤立系
（物質もエネルギーも移動不可）

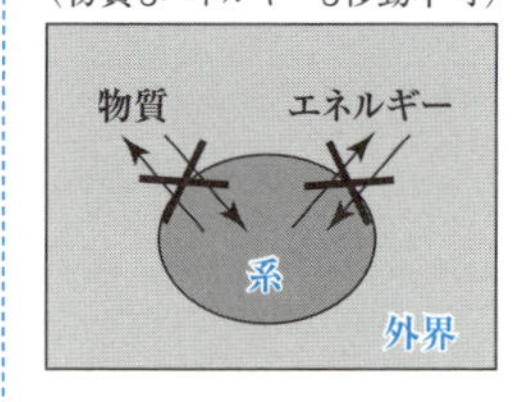

図 9-1　系の概念

*2　式 9-1 においてそれぞれの分子の後ろの（ ）内に示された記号は分子の状態を示す（9-2-3 節参照）。g（気体，gas），ℓ（液体，liquid），s（固体，solid）。

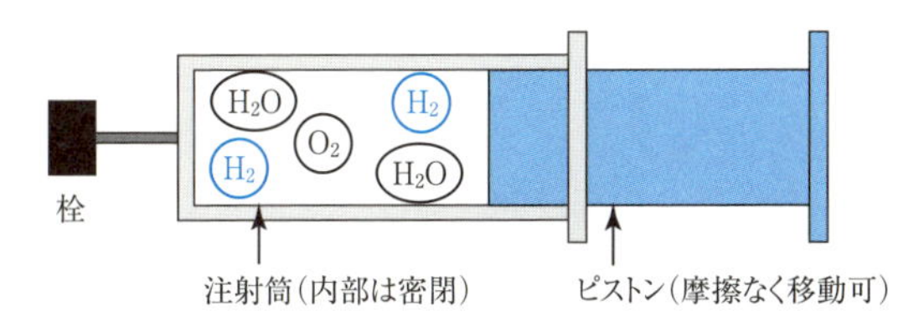

図 9-2　閉鎖系のモデル

この反応では熱が発生してシリンジ内外の温度が上がり，また反応後にピストンは沈みこんでシリンジ内の体積は減少する。この場合，系は水素ガスと酸素ガス，水であり，外界はシリンジやピストンを含むそれ以外のすべてである。エネルギーは「熱」や「ピストンを動かす仕事」として系と外界の間を移動するが，系である水素ガスや酸素ガス，水はシリンジ内から移動することはできない。

「孤立系」は物質もエネルギーも移動することができない系である。暖かい飲み物を入れた断熱保温容器が孤立系に近い（飲み物の熱はゆっくりと外界に移動して，いずれ冷めてしまうので完全な孤立系とはいえない）。究極の孤立系に宇宙がある。惑星や衛星といった様々な天体を含む宇宙という系は外界をもたないので，物質もエネルギーも宇宙から他へ移動することはないし，入ってくることもない。

化学熱力学で最も扱いやすい系は「閉鎖系」であり，本書では閉鎖系のみを扱う。そのため今後，系と表記した場合にはすべて閉鎖系を意味する。

9-1-2　物質がもつエネルギー（内部エネルギー）と物質がやり取りするエネルギー（仕事と熱）

化学反応のエネルギー変化を考えるためには，系を構成するすべての分子（物質）がもつエネルギーを考慮しなくてはならない。分子は振動（熱運動）したり，自由に移動する**運動エネルギー**と，分子間に働く引力や斥力などの**位置エネルギー**（**ポテンシャルエネルギー**）を蓄えている（図 9-3）。

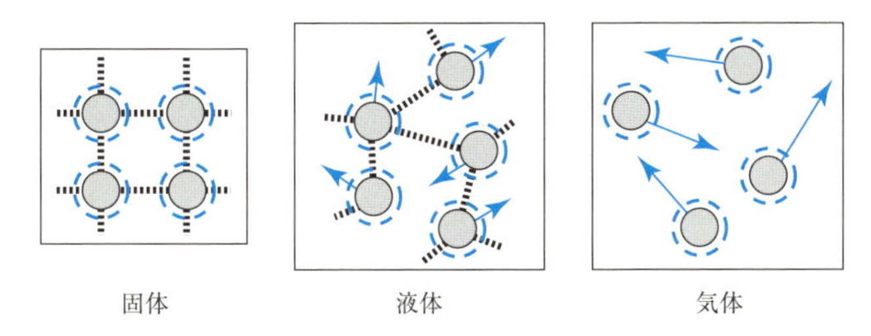

図 9-3　固体，液体，気体の状態での分子の熱運動と分子間力
（分子を球，分子の振動を青の破線，分子間の引力を黒の点線，分子が自由に移動する様子を青の矢印で表わしている。）

こうした物質に含まれるすべての運動エネルギーと位置エネルギーの総和を**内部エネルギー**（U）と呼ぶ。

化学熱力学において**エネルギーは仕事を行なう能力，または熱を伝える能力**として定義される。**仕事**（w）は力に逆らって物体を動かすために使われるエネルギーであり，**熱**（q）は物体の温度を上げるのに使われるエネルギーである。エネルギーを取り扱う際に注意すべき点にその符号があり，符号はエネルギーのやり取りの方向を表している。正の数値（＋）の場合，物質が外界から与えられるエネルギーであり，負の数値（−）の場合は物質が外界に放出するエネルギーである。具体例を挙げれば，エネルギーが**熱**の場合には**発熱は負の数値**，**吸熱は正の数値**で示す。エネルギーを**仕事**として取り扱う場合には**外に対して仕事をすれば負の数値**，**外から仕事をされたら正の数値**で表記するというルールがある。

ところで物質の内部エネルギーには，原子内の電子の運動エネルギーや電子と原子核の相互作用なども含まれるため，正確な値を求めることはできない。しかし内部エネルギーは周囲とのエネルギーのやりとりで増加したり減少したりする。その変化量は以下で説明するエネルギー保存の法則に従ってはっきりしているため，化学熱力学では内部エネルギーの絶対値ではなく，**内部エネルギーの変化量**に着目する。

外界から物質に熱や仕事を与えると物質の内部エネルギーは与えられた量だけ増加する。反対に物質が外界に熱を放出したり，仕事をしたりすると物質の内部エネルギーは放出した量だけ減少する。物質の内部エネルギーの変化量をΔU[*3]，物質に与えた熱量をq，物質に与えた仕事をwとすると次の式が成り立つ。他のエネルギーの場合と同様に，内部エネルギーの変化量（ΔU）が正の数値であれば内部エネルギーは増加すること，負の数値であれば内部エネルギーは減少することを意味する。

$$\Delta U = q + w \qquad (9\text{-}2)$$

このようにエネルギーは系と外界との間を移動することはあっても消滅したり，反対に何もなかったところから発生したりすることはありえない。宇宙全体のエネルギー量は決まっていて，エネルギーが蓄えられる場所が変化していくだけである。これを**エネルギー保存の法則**といい，**熱力学第一法則**ともいう。化学熱力学ではこの熱力学第一法則を大前提として，化学反応のエネルギー変化を解析する。

＊3　変化量を表す記号としてギリシア文字のΔ（デルタ）を付ける。δ（デルタ）の大文字である。

9-2 反応熱

9-2-1 熱量を表す言葉：エンタルピー，H

9-1-2 節でエネルギーに「仕事」として扱われるものがあることを説明した。化学熱力学では力学的仕事の１つである体積変化（膨張や圧縮）の仕事を考慮する必要がある。図 9-2 で示したような摩擦のないピストンで密閉されたシリンジ内で，圧力一定の条件（圧力 P）のもとで反応が起こり，反応後にピストンが上昇してシリンジ内の体積が ΔV だけ膨張した場合，系が外界にした仕事量は

$$w = -P\Delta V \tag{9-3}$$ [*4]

*4　圧縮で ΔV は負の値，膨張で ΔV は正の値をとる。圧縮で内部エネルギーは増加するので，w が正の値となるように式 9-3 には負（－）の符号が付いている。

となる。反応に伴って出入りした熱を q とすると定圧条件下での内部エネルギーの変化量は

$$\begin{aligned}\Delta U &= q + w \\ &= q - P\Delta V \qquad (9\text{-}4)\end{aligned}$$

と表すことができる。ここで式 9-4 を，定圧条件下の反応で出入りする熱（q）を表す式へ変形させると式 9-5 となる。

$$\begin{aligned}q &= \Delta U + P\Delta V \\ &= \Delta(U + PV) \qquad (9\text{-}5)\end{aligned}$$

ここで，内部エネルギーと系の圧力と体積の積を足した値として**エンタルピー**（H）という値が定義される（式 9-6)。

$$H = U + PV \tag{9-6}$$

エンタルピー（H）を用いて式 9-5 を表すと式 9-7 となる。

$$q = \Delta(U + PV) = \Delta H \tag{9-7}$$

つまり，**一定圧力下の反応で出入りする熱（q）は，エンタルピー（H）の変化量と同じ**である。 また反応に伴う熱（q）は，測定や計算で求めることができるので，エンタルピーの変化量（ΔH）は絶対値で表すことが可能である。熱（q）と同様に，**外界に熱を放出する（発熱反応）**

のであればΔHの符号は負，外界から熱を吸収する（吸熱反応）のであればΔHの符号は正になる。多くの化学反応が圧力一定の条件下で起ることから，エンタルピーは内部エネルギーよりも使い勝手の良い値である。そのため化学反応のエネルギーの解析にはエンタルピー（H）を用いることが多い。また式 9-6 から

$$\Delta H = \Delta U + P\Delta V \tag{9-8}$$

と表すことができるが，液体や固体の物質が化学変化する場合，ほとんど体積は変化しないのでΔVは 0 に近い。つまり圧力一定のもとで液体や固体の物質が反応する場合にはエンタルピーの変化量（ΔH）は内部エネルギーの変化量（ΔU）とほぼ等しくなる（$\Delta H \approx \Delta U$）ので，$\Delta H$を$\Delta U$として用いる場合もある。

9-2-2　化学反応におけるエンタルピー変化（熱化学方程式と反応熱）

化学反応のエンタルピー変化（ΔH）は「生成物のエンタルピーの総量」と「反応物のエンタルピーの総量」の差であることから，次の関係式で表される。

$$\Delta H = H_{生成物} - H_{反応物} \tag{9-9}$$

化学反応のエンタルピー変化を**反応熱**[*5]と呼ぶ。反応に伴うエンタルピー変化も記載した化学反応式[*6]を**熱化学方程式**と呼ぶ。次節（9-2-4）で詳細を記すが，複数の熱化学方程式を組み合わせることによって，特定の化学反応の反応熱を推定することができる。熱化学方程式のルールについて，水素ガスと酸素ガスが反応して水が生成する発熱反応を例に説明する。

$$2\,H_2(g) + O_2(g) \longrightarrow 2\,H_2O(\ell) \quad \Delta H = -571.6\ \mathrm{kJ} \tag{9-10}$$

通常の化学反応式と同様に，熱化学方程式でも矢印で反応の方向を表しており，矢印を挟んで左側に反応物を，右側に生成物を置く。物質の状態によって反応熱は変化するので，それぞれの物質の状態を示す記号，g（気体 gas），ℓ（液体 liquid），s（固体 solid）を記す。またその反応のエンタルピー変化（ΔH），つまり反応熱を右辺の後ろに付記する。このとき**ΔHの値が負であれば矢印方向に進む反応は発熱反応**であり，**ΔHの値が正であれば吸熱反応**である。またエンタルピー（H）の単位

＊5　反応熱は反応の種類によって燃焼熱，生成熱，溶解熱，中和熱，蒸発熱，融解熱などの名称で呼ばれることがある。これらの熱量に相当するエンタルピー変化量は対象物質 1 mol あたりの熱量で表すため，単位は kJ/mol である。

＊6　化学反応式については第５章参照。

はJ（ジュール，Joule）である[*7]。なお式9-10に記された$\Delta H = -571.6$ kJは2 molの$H_2(g)$と1 molの$O_2(g)$が反応して2 molの$H_2O(\ell)$が生成したときの発熱量を表している。そのため式9-10を式9-11のように全体の係数が半分になるように書き換える[*8]と発熱量も$\Delta H = -285.8$ kJと半分になる。

$$H_2(g) + \frac{1}{2} O_2(g) \longrightarrow H_2O(\ell) \quad \Delta H = -285.8 \text{ kJ} \quad (9\text{-}11)$$

逆反応のエントロピー変化は正反応のエントロピー変化の符号が変わるだけであり[*9]，式9-10の逆反応は式9-12のようになる。

$$2\ H_2O(\ell) \longrightarrow 2\ H_2(g) + O_2(g) \quad \Delta H = 571.6 \text{ kJ} \quad (9\text{-}12)$$

逆反応では反応物と生成物が入れ替わり，エントロピー変化は反応物と生成物のエントロピーの差で決まるので絶対値は同じで符号だけが逆になる。

*7　kJのkは10^3（キロ）を表す接頭語（接頭辞）である。

*8　熱化学方程式においては係数が整数でなくても，熱化学方程式を構成する分子の物質量比が正しいものであれば問題ない。

*9　逆反応が実際に進行するか否かは活性化エネルギーも関与するので（第6章参照）定かではないが，エンタルピー変化は反応物と生成物がもつエンタルピー総量の差であるから，もとの正反応のエンタルピー変化の符号を逆にしたものになる。

9-2-3　ヘスの法則とは

9-2-2節でも述べたように，化学反応のエンタルピー変化量は反応物と生成物のエンタルピー差だけで決まる値なので，ある化学反応が1段階で進行しても多段階で進行しても最終的なエンタルピー変化量は同じ値となる。再び，水素ガスと酸素ガスが反応して水が生成する反応（式9-10）を例にする。式9-10では生成物の水は液体であり，1段階で反応が進行している。この反応を水素ガスと酸素ガスが反応して気体の水（水蒸気）が生成する反応（式9-13）が進行したのち，水蒸気が液体の水に変化する反応（式9-14）[*10]が進行する2段階の経路で液体の水ができる反応のエンタルピー変化を考える。

$$2\ H_2(g) + O_2(g) \longrightarrow 2\ H_2O(g) \quad \Delta H = -483.6 \text{ kJ} \quad (9\text{-}13)$$

$$H_2O(g) \longrightarrow H_2O(\ell) \quad \Delta H = -44 \text{ kJ} \quad (9\text{-}14)$$

式9-13と物質量をあわせるために式9-14を2倍にしたものを足し合わせると以下のようになる。

*10　凝固熱

$$2\,H_2(g) + O_2(g) \longrightarrow H_2O(g) \quad \Delta H = -483.6\ \text{kJ}$$
$$+ \qquad 2\,H_2O(g) \longrightarrow 2\,H_2O(\ell) \quad \Delta H = -88\ \text{kJ}$$

$$2\,H_2(g) + O_2(g) + \cancel{2\,H_2O(g)} \longrightarrow \cancel{2\,H_2O(g)} + 2\,H_2O(\ell) \quad \Delta H = -571.6\ \text{kJ}$$

矢印の左右で相殺される物質(H_2O)を整理

$$2\,H_2(g) + O_2(g) \longrightarrow 2\,H_2O(\ell) \quad \Delta H = -571.6\ \text{kJ}$$

左辺，右辺の物質で相殺されるものを整理すると正味の熱化学方程式として式 9-10 が得られ，１段階で液体の水が生成した反応と同じエンタルピー変化が示される（図 9-4）。

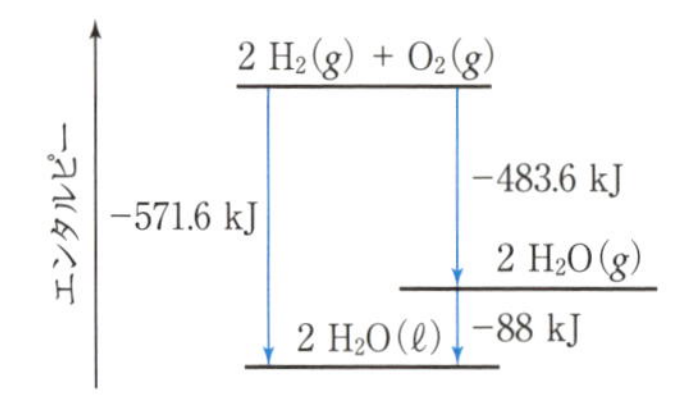

図 9-4　水生成のエンタルピーダイヤグラム

このように**反応が連続する多段階で進行するとき，反応全体でのエンタルピー変化は各段階でのエンタルピー変化をすべて足し合わせたものと等しい**とする**ヘスの法則**が化学熱力学には存在する。つまり全体のエンタルピー変化は，その反応が進んだ経路とは無関係である。そのためエンタルピー変化が明らかとなっている過程を組み合わせたルートが見つかれば，直接，熱測定することができない反応のエンタルピー変化を求めることができる。

一例として，固体の炭素 C を酸素 O_2 で燃やして一酸化炭素 CO が生成するときのエンタルピー変化をヘスの法則に基づいて求める手順を示す。この反応は同時に二酸化炭素 CO_2 が生成する反応も進行するので，正確に一酸化炭素 CO の生成の熱量を測定することができない。そこで直接測定が可能な炭素 C を酸素 O_2 で燃やして二酸化炭素 CO_2 が生成する反応（式 9-16）と一酸化炭素 CO を酸素 O_2 で燃やして二酸化炭素 CO_2 が生成する反応（式 9-17）を組み合わせて以下のように求めることが可能である。

$$C(s) + O_2(g) \longrightarrow CO_2(g) \quad \Delta H = -393.5\ \text{kJ} \qquad (9\text{-}16)$$
$$2\,CO(g) + O_2(g) \longrightarrow 2\,CO_2(g) \quad \Delta H = -566\ \text{kJ} \qquad (9\text{-}17)$$

求めたい熱化学反応式は $C(s)$ と $O_2(g)$ を反応物，$CO(g)$ を生成物とする反応であり，またそこに $CO_2(g)$ は含まれないため，式 9-16 を2倍にしたものと式 9-17 を逆反応に変換したものを足し合わせる（式9-18)。矢印の両辺にある $CO_2(g)$ を相殺することによって，炭素 C から一酸化炭素 CO が生成する際のエンタルピー変化が求められる（式9-19)。

$$2\,C(s) + 2\,O_2(g) \longrightarrow 2\,CO_2(g) \qquad \Delta H = -787\ \mathrm{kJ}$$

$$+ \qquad 2\,CO_2(g) \longrightarrow 2\,CO(g) + O_2(g) \qquad \Delta H = 566\ \mathrm{kJ} \quad (9\text{-}18)$$

$$2\,C(s) + \underline{2\,O_2(g)} + \cancel{2\,CO_2(g)} \longrightarrow \cancel{2\,CO_2(g)} + 2\,CO(g) + \underline{O_2(g)}$$

$$\Delta H = -221\ \mathrm{kJ}$$

矢印の左右で相殺される物質(CO_2)を整理

$$2\,C(s) + O_2(g) \longrightarrow 2\,CO(g) \qquad \Delta H = -221\ \mathrm{kJ} \quad (9\text{-}19)$$

9-2-4　標準生成エンタルピー，$\Delta Hf°$

9-2-2 節で反応熱について説明し，対象となる化学反応に応じて燃焼熱や中和熱，溶解熱などの特定の名称がついた熱があることに触れた。そのなかでも生成熱（生成エンタルピー）は化合物が**成分元素の単体から生成するときの反応熱**をいい，この熱量をもとに種々の反応熱を求めることができる便利な値である。

一般に生成熱を定義する際に用いる単体には，常温・常圧で安定な形態にあるものを使う。炭素であればグラファイト*11，酸素であれば酸素分子 O_2 が選択される。エンタルピーの変化量は反応の温度や圧力，反応物や生成物の状態によって異なる。そのため異なる反応のエンタルピーを比較するためには化学熱力学における標準状態が定義されており，物質の標準状態は圧力 1.013×10^5 Pa，温度 298 K（25 ℃）である。すべての物質が標準状態にあるという条件の下で，ある化合物 1 mol を構成元素の単体から生成する反応のエンタルピー変化を，その化合物の標準生成エンタルピー（$\Delta Hf°$）とする。

*11　グラファイトは炭素 C のみで構成される黒色の鉱物である。はく離性があり鉛筆の芯の原料に用いられる。

例としてエタノール $C_2H_5OH(\ell)$ の生成反応を式 9-20 に示す。生成反応では目的とする物質（この場合エタノール）が 1 mol 生成する反応として表すので，標準生成エンタルピー（$\Delta Hf°$）の単位は kJ/mol で表す。また**最も安定な状態にある単体の標準生成エンタルピーは 0 kJ/mol** と定義されている。つまり C（グラファイト）(s) や $O_2(g)$ の標準生成エンタルピー（$\Delta Hf°$）の値は 0 である。種々の物質の標準生成エンタルピーの値を表 9-1 に示す。

$$2\,C(\text{グラファイト})(s) + 3\,H_2(g) + \frac{1}{2}O_2(g) \longrightarrow C_2H_5OH(\ell)$$

$$\Delta Hf^\circ = -277.0\ \text{kJ/ mol} \quad (9\text{-}20)$$

表 9-1　種々の物質の生成熱（298 K）

物　質	ΔH_f° (kJ/mol)	物　質	ΔH_f° (kJ/mol)
アセチレン C_2H_2 (g)	226.7	エチレン C_2H_4 (g)	52.30
二酸化炭素 CO_2 (g)	−393.5	メタン CH_4 (g)	−74.80
一酸化炭素 CO (g)	−110.5	メタノール CH_3OH (ℓ)	−238.6
アンモニア NH_3 (g)	−46.19	プロパン C_3H_8 (g)	−103.85
エタン C_2H_6 (g)	−84.68	水 H_2O (ℓ)	−285.8
エタノール C_2H_5OH (ℓ)	−277.7	水 H_2O (g)	−241.8

反応に関与する反応物と生成物の標準生成エンタルピー（ΔHf°）の値がすべてわかっているのであれば，その反応のエンタルピー変化は次のように計算によって求めることができる。

エンタルピー変化（反応熱）
＝ 生成物の生成エンタルピーの和 − 反応物の生成エンタルピーの和
(9-21)

例としてプロパンの燃焼反応（式 9-22）のエンタルピー変化（ΔH）を，それぞれの物質の標準生成エンタルピー，プロパン $C_3H_8(g)$（−103.9 kJ/mol），二酸化炭素 $CO_2(g)$（−393.5 kJ/ mol），水 $H_2O(\ell)$（−285.8 kJ/ mol）を使って式 9-23 にしたがって求めた結果を示す。

$$C_3H_8(g) + 5\,O_2(g) \longrightarrow 3\,CO_2(g) + 4\,H_2O(\ell) \quad (9\text{-}22)$$

$$\begin{aligned}\Delta H &= \{3 \times (-393.5\ \text{kJ/mol}) + 4 \times (-285.8\ \text{kJ/ mol})\} \\ &\quad - \{(-103.9\ \text{kJ/mol}) + 5 \times (0\ \text{kJ/mol})\} \quad (9\text{-}23) \\ &= -2220\ \text{kJ/mol}\end{aligned}$$

プロパンの燃焼反応をヘスの法則に従って，プロパンの分解（プロパン生成反応の逆反応と捉える），二酸化炭素の生成，水の生成の３つに分解して解析すると図 9-5 のようになり，上記で求めたエンタルピー変化（ΔH）と一致する。

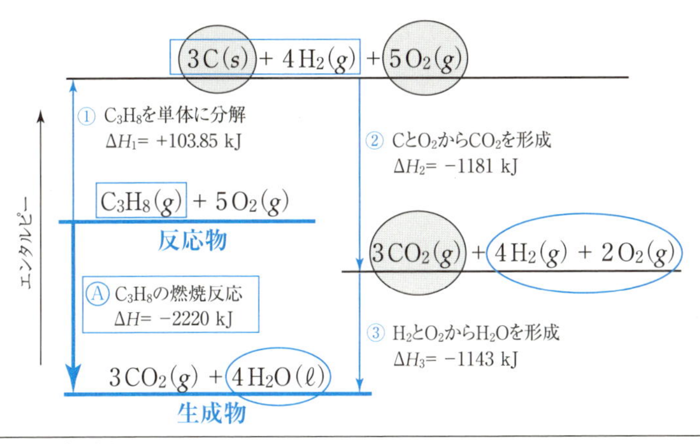

図 9-5　プロパン燃焼反応のエンタルピーダイヤグラム

9-3　自然界の現象は乱雑さを増大させる方向に進行する

9-3-1　乱雑さを表す言葉：エントロピー，*S*

化学反応に伴うエンタルピー変化（ΔH）では，反応前後での熱エネルギー変化は明らかになるものの，その化学反応の進行が自発的に起こるものであるかどうか，判断する材料にはならない。自発的に起こる過程は外部からの助けなく一方向に進行し，その逆過程が自発的に進行することはない。たとえば，真空中においた密封された容器に入っている気体は，栓を開けると真空中に自発的に広がっていくが，広がった気体が自発的にもとの容器に戻ることはない。また高温の物質と低温の物質を密着させておくと熱は高温の物質から低温の物質へ移動して，どちらも同じ温度になるが，その後，自発的に温度差のある物質に戻ることはない。また自発的に進む方向は温度にも影響される。たとえば，室温25 ℃の部屋に氷を放置すると自然に水へと変化して，自発的に水が氷に変化することはない。しかし 0 ℃以下の温度の冷凍庫に水を放置すると水は自発的に氷へ変化して，自発的に氷が水に変化することはない。

9-1-2 節でエネルギーは「熱」や「仕事」として移動することを説明した。エネルギーの移り変わりにおいてエネルギーの総量は宇宙全体として保存されるが（熱力学第一法則），エネルギーの形は仕事をしにくい形へと変化していく。荒い面の上で物体を滑らせると，物体の運動エネルギーは摩擦熱に変わって物体はやがて止まるが，放出された熱が自発的に集まって物体が再び動き出すことはない。つまり仕事はすべて熱に変化することができるのに対して熱をすべて仕事に変えることはできないという，**熱力学第二法則**が定義されている。

変化の自発性を扱うために**エントロピー**（S）という値が定義されている。エントロピー（S）は系の乱雑さの程度を表す値である。自然界の現象は系と外界をあわせた宇宙全体の乱雑さ（エントロピー）が増大する方向に進む。これは熱力学第二法則を言い換えたものであり，熱力学第二法則は**エントロピー増大の法則**とも呼ぶ。

化学反応のエントロピー変化量（ΔS）はエンタルピーの変化量（ΔH）と同様に，反応前後の反応物と生成物がもつエントロピーの総量の差で示される。また，系に熱（q）が出入りする反応ではエントロピー変化（ΔS）は熱（q）を絶対温度（T）で割った下記の式で表される。

$$\Delta S = \frac{q}{\mathrm{T}} \qquad (9\text{-}24)$$

熱（q）は発熱であれば負，吸熱であれば正の値を示すので，系が熱を外界に放出して発熱すれば系のエントロピーは減少し，系が熱を外界から吸収すればエントロピーは増加する。吸熱で系に熱としてエネルギーが蓄えられると，分子や原子の熱運動は大きくなるので乱雑さ（エントロピー）は大きくなる。

温度差のある物体の間では高温から低温へ自発的に熱が移動することを，図 9-6 に示したような 323 K の高温の物体 A と 283 K の低温の物体 B を例に挙げて説明する。式 9-24 を用いると高温（323 K）の物体 A から低温（283 K）の物体 B へ熱（q）が移動したとき，全体のエントロピー変化（ΔS）は次のように増加することが確認できる。

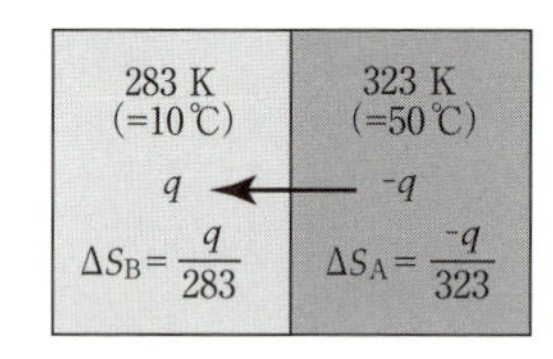

図 9-6　高温の物体から低温の物体への熱の移動

$$\text{高温（323 K）の物体Aのエントロピー変化（}\Delta S_A\text{）} = \frac{-q}{323} \quad (9\text{-}25)$$

$$\text{低温（283 K）の物体Bのエントロピー変化（}\Delta S_B\text{）} = \frac{q}{283} \quad (9\text{-}26)$$

$$\text{宇宙全体のエントロピー変化（}\Delta S\text{）} = \Delta S_A + \Delta S_B = \frac{-q}{323} + \frac{q}{283}$$

$$= q\left(\frac{1}{283} - \frac{1}{323}\right) > 0 \quad (9\text{-}27)$$

また一般に，反応前後で物質の個数が増加するとエントロピーは増加（$\Delta S > 0$）することになる。

9-3-2　ギブスの自由エネルギー，G

変化の自発性を考える場合，宇宙全体のエントロピーの増大を議論するよりも系に関わる値だけを用いて推定することができれば便利である。しかし式9-24からもわかるようにエントロピー（S）の単位はJ/Kであり，エネルギーそのものを表していたエンタルピー（H）（単位はJ）とはそのまま足したり引いたりすることのできない別次元の値である。そこで式9-28に示されたような，エントロピーとエンタルピーの2つの熱力学的な概念を含んだ**ギブスの自由エネルギー**（G）（**自由エネルギー**とも呼ぶ）が提案された。Tは絶対温度である。

$$G = H - TS \quad (9\text{-}28)$$

したがって系の自由エネルギー変化（ΔG）は式9-29で表される。

$$\Delta G = \Delta H - T\Delta S \quad (9\text{-}29)$$

自発的に進行する変化では，ΔGは必ず負の値（$\Delta G < 0$）を示す。 $\Delta G < 0$となる反応でも，その内訳は反応によって異なっている（図9-7）。式9-29から反応が自発的に進行するのに（つまり$\Delta G < 0$となる），有利なエンタルピー変化は$\Delta H < 0$（発熱），有利なエントロピー変化は$\Delta S > 0$（エントロピー増大）である（**エンタルピーとエントロピー両駆動型**）。この状況は反応物が熱を放出してより安定な物質に変化し，反応後に系のエントロピーも増大するものだから，自発的な反応として理解しやすい。しかし吸熱反応（$\Delta H > 0$）が自発的に進む場合もあり，この場合には系のエントロピー変化（ΔS）がかなり大きく寄与して，結果として$\Delta G < 0$を成立させている。このような反応は**エントロピー駆動型**で進行する反応である。また系のエントロピーが減少（$\Delta S < 0$）するのに，反応が自発的に起こる場合にはかなり大きな発熱（$\Delta H < 0$）が起きて$\Delta G < 0$が結果として成立する。このような反応は**エンタルピー駆動**で進行していることになる。このようにエンタルピーやエントロピーといった熱力学的な数値を個々で捉えると不自然さを感じる変化も，これらが関与しあう自由エネルギーで捉えれば，熱力学の法則に従って反応が進行していることが理解できる。

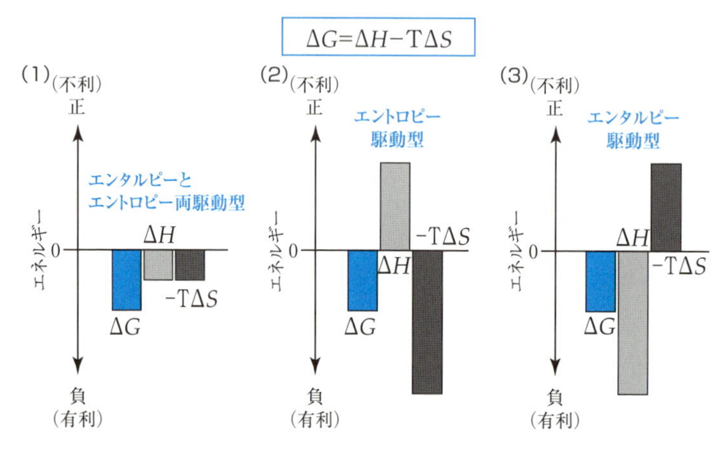

図 9-7　$\Delta G = \Delta H - T\Delta S$の内訳

もう一度，式 9-29 をじっくり考察してみよう。ΔGは反応の熱量変化（ΔH）から乱雑さを増大するのに使われる熱量（$T\Delta S$）を差し引いたものと表されている。つまり自由エネルギーは反応で得られる熱のうち，仕事に変換できる正味のエネルギーを表している。

「コラム／発展」

カロリーってエネルギー？

日常会話で「カロリー」はよく耳にする言葉である。「カロリーの高い食事」や「消費カロリーの高い運動」など，ダイエットやスポーツのトレーニングの話題では頻繁に出てくる。スタイル維持や健康を気にかけている人であれば，食事の際に摂取するカロリーを気にしたり，スーパーなどで食品を買うときに，パッケージに記載されている数値をそっとチェックしたりする。多くの人にとって「カロリー」という言葉は，生命活動に使われる（場合によっては体に溜め込まれる？）エネルギーという意味合いをもつものと捉えられ，名詞として使われている。しかし本来「カロリー(Calorie)」は熱量に使う単位を表す言葉で cal と書く。エネルギーそのものを表す言葉ではない。14.5 ℃の水 1 g を 15.5 ℃に温度上昇させるのに必要な熱量が 1 cal として定義されている。本章で説明したようにエネルギーとして扱われるものに「熱」と「仕事」があるが，過去には熱エネルギーには cal の単位をつけて，仕事には J（Joule）の単位をつけて区別していた。cal と J は 1 cal = 4.184 J として変換することが可能であり，現在ではエネルギーの SI 単位には J が指定されているので，熱力学の分野では「熱」にも「仕事」にも J が使われている。しかし食物の熱量や生物の代謝エネルギーを扱う際には，現在でも cal の使用が認められているので，身近な言葉となってエネルギーを意味するものに変化してきたのであろう。言葉は時と共に変化するものであるから，生活の言葉としてカロリーをエネルギーの意味合いで使うことに問題はない。しかし厳密な表記が求められる科学のフィールドで使用する際には注意が必要である。店頭で販売されている食品に記載されている栄養成分表示を一度確認してもらいたい。その食品がもつ熱量は「エネルギー」と記載された項目に cal の単位[*12]で示してあり，項目名は「カロリー」にはなっていない。

＊12　過去には食品に記載された kcal の単位は Cal と表示されていた。cal と間違えやすいので注意が必要。

演習問題

1．次に示した過程が吸熱と発熱のどちらであるかを答え，またエンタルピー変化ΔHの符号が正と負のどちらであるか示せ。

(1) エタンC_2H_6が十分に酸素がある状態で燃焼して，二酸化炭素CO_2と水H_2Oが生成した。

(2) 氷が解けて水になった。

(3) 塩酸HCl水溶液と水酸化ナトリウムNaOH水溶液を混合してちょうどpH＝7になる水溶液を調製した。

2．グラファイトCが水素H_2と反応してアセチレンC_2H_2が生成する反応のエンタルピー変化ΔHを求めよ。

$$2\ C(s) + H_2(g) \rightarrow C_2H_2(g)$$

ただしその際，次に示した熱化学方程式を用いよ。

$$2\ C_2H_2(g) + 5\ O_2(g) \longrightarrow 4\ CO_2(g) + 2\ H_2O(\ell) \quad \Delta H = -2599.2\ \mathrm{kJ} \quad (9\text{-}30)$$

$$C(s) + O_2(g) \longrightarrow CO_2(g) \quad \Delta H = -393.5\ \mathrm{kJ} \quad (9\text{-}31)$$

$$2\ H_2(g) + O_2(g) \longrightarrow 2\ H_2O(\ell) \quad \Delta H = -571.6\ \mathrm{kJ} \quad (9\text{-}32)$$

3．298 Kで窒素N_2(g)と酸素O_2(g)から一酸化窒素NO(g)が生成する反応について，ギブスの自由エネルギー変化（ΔG）を計算し，この反応が自発的に進行するかどうかを答えよ。この反応におけるエンタルピー変化はΔH = 180.7 kJ，エントロピー変化はΔS = 24.7 J/Kとする。

$$N_2(g) + O_2(g) \rightarrow 2\ NO(g)$$

第10章　化学と物質：無機化合物

10-1　無機化合物とは

物質は大きく**無機化合物**と**有機化合物**（第 11 章参照）に分けられ，無機化合物とは有機化合物を除くすべての化合物のことをさす。有機化合物は炭素 C 原子の混成軌道（第４章参照）を使って水素 H 原子が結合した**炭化水素**を基本の骨格とした化合物である。 そのため炭素原子を含んでいるが，炭化水素を基本の骨格としていない炭酸塩*1 やシアン化水素 HCN，シアン化物，チオシアン酸塩*2，二硫化炭素 CS_2（S=C=S）などは無機化合物に分類される。無機化合物には硫酸 H_2SO_4 のように一分子として取り扱える物質から，酸化チタン TiO_2 のように TiO_2 を基本単位として無限に結合したものまで，多様な物質が存在する。ケイ酸やリン酸のようにケイ素 Si 原子やリン P 原子が酸素 O 原子を介して無限鎖構造をとる物質もある*3。

本章では硫酸のような非金属化合物である無機化合物や，金属酸化物，金属で構成される無機材料としてセラミックスや電子・イオン伝導材料などを取り上げる。

*1　炭酸 H_2CO_3 の塩（HCO_3^- や CO_3^{2-} と金属イオンとの化合物）。

2　ここではシアン化物イオン CN^- の塩（たとえばシアン化ナトリウム NaCN，シアン化カリウム KCN）を，またチオシアン酸イオン（$^-N=C=S \leftrightarrow N \equiv C-S^-$） の塩をさす。
＊両矢印↔は共鳴構造を示す（11-3 節参照）。

*3　ケイ酸（$SiO_2 \cdot nH_2O$）の場合にはオルトケイ酸 H_4SiO_4 が（縮合して）多数つながった化合物群を，またリン酸の場合には H_3PO_4（オルトリン酸ともいう）が多数つながった化合物群をいう。

```
       O     O     O
       ‖     ‖     ‖
---O—P—O—P—O—P—O---
       |     |     |
       OH    OH    OH
```

図 10-1　ポリリン酸の構造

10-2　無機化合物の工業的製法

アンモニア NH_3 や水酸化ナトリウム NaOH，硫酸 H_2SO_4，硝酸 HNO_3 は現代の化学工業に欠かせない基本物質であり，たとえばアンモニア NH_3 はこれを原料として塩化アンモニウム NH_4Cl が製造され，農作物の肥料として用いられるほか，アンモニア NH_3 から火薬となる硝酸 HNO_3 も製造されて種々の産業を支えている。本節ではこのような化学工業の基本となる無機化合物の工業的製法を紹介する。

10-2-1　アンモニアソーダ法

アンモニアソーダ法は食塩 NaCl と石灰石（炭酸カルシウム $CaCO_3$）から炭酸ナトリウム Na_2CO_3 をつくる方法である。**ソルベー法**とも呼ばれる*4。その化学反応式は次式で示される。

*4　ベルギーの化学者 E. Solvey（ソルベー）（1838-1922）により発明された。

$$2\,NaCl + CaCO_3 \longrightarrow Na_2CO_3 + CaCl_2 \qquad (10\text{-}1)$$

ただし，この反応が直接行われるわけではない。実際には次のように食塩水（飽和[*5]水溶液）とアンモニア NH_3，二酸化炭素 CO_2 から炭酸水素ナトリウム $NaHCO_3$ を取り出し（式 10-2），これを熱分解して炭酸ナトリウムを合成（式 10-3）したのち，さらに副生成物を再利用する工程などにより製造される。

＊5　**飽 和**
溶質（この場合には食塩）がそれ以上溶けない，最大限に溶けた状態をいう。

$$NaCl + H_2O + NH_3 + CO_2 \longrightarrow NaHCO_3 + NH_4Cl \qquad (10\text{-}2)$$
$$2\,NaHCO_3 \longrightarrow Na_2CO_3 + H_2O + CO_2 \qquad (10\text{-}3)$$
$$CaCO_3 \longrightarrow CaO + CO_2 \qquad (10\text{-}4)$$
$$CaO + H_2O \longrightarrow Ca(OH)_2 \qquad (10\text{-}5)$$
$$Ca(OH)_2 + 2\,NH_4Cl \longrightarrow CaCl_2 + 2\,H_2O + 2\,NH_3 \qquad (10\text{-}6)$$

式 10-2 で塩化アンモニウム NH_4Cl が生成するため，これを処理することが必要となる。その場合，石灰石の熱分解（式 10-4）により得た酸化カルシウム CaO に，水を加えて水酸化カルシウム $Ca(OH)_2$ とし（式 10-5），それを利用して塩化アンモニウムと反応させることにより，水，アンモニアおよび塩化カルシウム $CaCl_2$ を合成することが可能となる（式 10-6）。そして，これらの式 10-2 ～式 10-6 をすべて足し合わせると，結果として式 10-1 になる。

炭酸ナトリウムは一般名称ではソーダ灰ともよばれ，その水溶液は塩基性を示す。主な用途はガラスや合成洗剤などの原料であり，広く用いられている重要な化学製品の 1 つである。2014 年度の日本での生産量は約 33 万トン／年となっている[*6]。なお，もう一方の生成物である塩化カルシウムは道路の凍結防止剤などに用いられるが，利用用途はそれほど広くはない。そのため，場合によってはアンモニアを再生せず，塩化アンモニウムを化学肥料として使用することもある。

＊6　日本ソーダ工業会の統計による。

10-2-2　電気分解とは

電気分解とは 2 つの電極を浸した溶液（電解質の水溶液，電解液）に外部電源（電池）を用いて電流を流して，各電極で酸化還元反応を起こすことをいう。自発的に起こりにくい酸化還元反応を電気エネルギーの力を利用して起こすものである。このとき，外部電源の正極につないだ電極を**陽極**（アノード），負極につないだ電極を**陰極**（カソード）という。

陽極では電子が流れ出す（電流が流れ込む）。つまり，電解液の陰イオンや水分子が陽極に電子を奪われる（酸化反応が起きる）。一方，陰極では電子が流れ込む（電流が流れだす）。つまり，電解液の陽イオンや水分子が電子を受け取る反応（還元反応）が起きる[*7]。これをまとめると次のようになる（図 10-2）

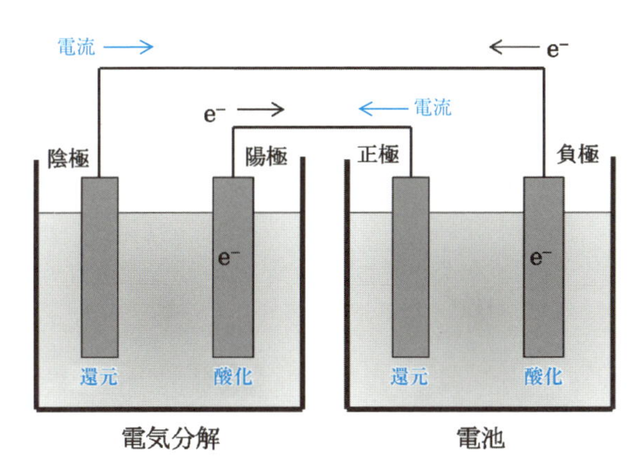

図 10-2　電気分解

＊7　電気分解で流れる電気量と各電極で変化する物質量との間には，次の関係がある（ファラデーの法則）。
- 陽極または陰極で変化する物質量は流れた電気量に比例する。
- 同じ電気量によって各電極で変化するイオンの物質量はイオンの種類によらず，イオンの価数に反比例する。

なお，電気量と物質量の関係は以下である。

電気量 [C]
　= 電流 [A] ×時間 [s]
電子の物質量 [mol]
　= 電気量 [C] ／ F

ここで，

$F = 9.65 \times 10^4$ C/mol
（ファラデー定数）

10-2-3　イオン交換膜法

水酸化ナトリウム NaOH は，苛性ソーダとも呼ばれる。第 1 章（**「コラム／発展」**）でも紹介したように重要な化学製品の一つであり，多種多様な製品の原材料などとして幅広く使用されており，塩化ナトリウム NaCl 水溶液の電気分解による合成，**イオン交換膜法**で製造されている。その模式図を以下に示す（図 10-3）。

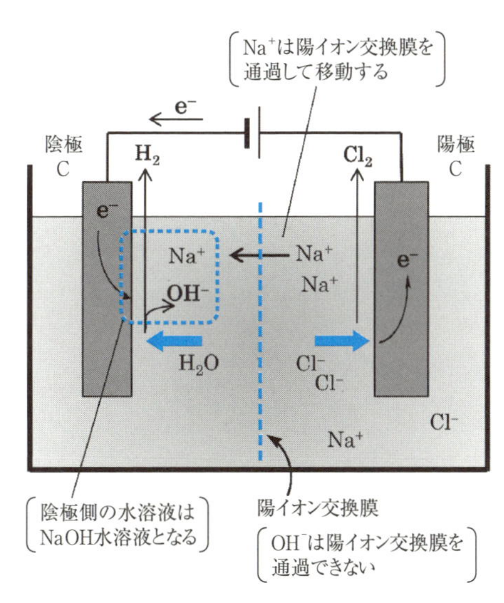

図 10-3　イオン交換膜法の模式図[*8]

＊8　工業的には陰極として鉄を用いる。

陽極では Cl^- が酸化されて塩素 Cl_2（気体）が（式 10-7），一方，陰極では水 H_2O が還元されて気体の水素 H_2 がそれぞれ発生する（式

10-8)。

陽極 $2\,Cl^- \longrightarrow Cl_2\uparrow + 2\,e^-$ (10-7)[*9]

陰極 $2\,H_2O + 2\,e^- \longrightarrow H_2\uparrow + 2\,OH^-$ (10-8)[*9]

*9 上向きの矢印↑については，6-4-1 節参照。

陰極では同時に水酸化物イオン OH^- が生じ，またナトリウムイオン Na^+ が引きつけられる。ただしこのとき，ナトリウムイオンはイオン化傾向が大きいため還元されることはない[*10]。そのため，陰極付近は電気分解が進行すると水酸化ナトリウムの水溶液へと変化していくことになる。したがって，陰極付近の水溶液を濃縮すれば，NaOH を得ることができる。

*10 8-2-2 節参照。

そこで，陰極と陽極の中央を陽イオンしか通さない，陽イオン交換膜で仕切り，陰極側には薄い NaOH 水溶液，陽極側には濃度の高い NaCl 水溶液を入れて電気分解を行うと，陰極では H_2O が反応して OH^- が生じて溶液全体が負に帯電する一方，陽極では Cl_2 が発生して陽イオンである Na^+ が過剰となり，溶液全体が正に帯電することになる。こうして Na^+ のみが陽イオン交換膜を通り抜けて陽極側から陰極側へ移動する（陽イオン交換膜は OH^- を通さない）。この方法を使えば，陰極側に純粋な NaOH 水溶液が得られることになる。

10-2-4 オストワルト法

オストワルト法[*11] はアンモニア NH_3 を原料として硝酸 HNO_3 を製造する方法である。その工程は以下の化学反応式で表される。

*11 ドイツの化学者 F. W. Ostwald（オストワルト）（1853-1932）により発明された。オストワルトは 1909 年にノーベル化学賞を受賞した。

$$4\,NH_3 + 5\,O_2 \longrightarrow 4\,NO + 6\,H_2O \quad (10\text{-}9)$$

$$2\,NO + O_2 \longrightarrow 2\,NO_2 \quad (10\text{-}10)$$

$$3\,NO_2 + H_2O \longrightarrow 2\,HNO_3 + NO \quad (10\text{-}11)$$

式 10-9 のアンモニアの酸化反応は空気中の酸素を用いて，白金 Pt 触媒により 800 ℃で行われる。一方，式 10-10 は 140 ℃以下で容易に進行する。上記の式 10-9 ～式 10-11 をすべて足し合わせると，次式のようになる。

$$NH_3 + 2\,O_2 \longrightarrow HNO_3 + H_2O \quad (10\text{-}12)$$

硝酸は化薬，肥料，染料等の製造原料として広く用いられており，2015 年度の日本での生産量は約 39 万トン／年にのぼる[*12]。

*12 経済産業省生産動態統計年報（化学工業統計編）による。

10-2-5 接触法

硫酸 H_2SO_4 は最も多く生産されている化学製品の 1 つであり，日本では約 630 万トン／年（2015 年度）が生産されている［第 1 章（「**コラム・発展**」）参照］。合成洗剤や界面活性剤[*13]など多くの化学製品や肥料の原料，鉛畜電池の電解液[*14]などとして，極めて広範囲に使用されている。水溶液は強酸性を示すだけでなく，吸湿性や脱水作用[*15]，強い酸化作用などの化学的性質をもつ。その製造方法は**接触法**とよばれ，以下の式により表すことができる。

$$S + O_2 \longrightarrow SO_2 \qquad (10\text{-}13)^{*16}$$

$$2\,SO_2 + O_2 \xrightarrow{V_2O_5\,触媒} 2\,SO_3 \qquad (10\text{-}14)$$

$$SO_3 + H_2O \longrightarrow H_2SO_4 \qquad (10\text{-}15)$$

二酸化硫黄 SO_2 の酸化触媒として固体の酸化バナジウム（V）V_2O_5 が用いられる（式 10-14）。また，三酸化硫黄 SO_3 は水と激しく反応するため，濃硫酸中の水と反応させることで硫酸とする（式 10-15）。

*13　11-6 節参照。

*14　8-2-4 節参照。

15　ヒドロキシ基（-OH） をもつ有機化合物から，それを水分子として脱離させる働き。
* 11-4 節参照。

*16　SO_2 は黄鉄鉱などを燃焼させる反応などによっても得られる。
$$4\,FeS_2 + 11\,O_2 \longrightarrow 2\,Fe_2O_3 + 8\,SO_2 \qquad (10\text{-}16)$$

10-3 セラミックス

10-3-1 セラミックスとは

セラミックスとは二酸化ケイ素 SiO_2 をはじめとする種々の無機酸化物や金属を組み合わせて 1,000 ℃以上の高温で焼結または融解させて得られる物質全般の名称である。**焼結**（図 10-4）は粉末を主成分の融点よりも低い温度で加熱したときに，成分どうしが結合して収縮・緻密（ちみつ）化して焼き固まる現象であり，焼結によって得られる物質は硬くて耐熱性，耐腐食性，電気絶縁性に優れている。

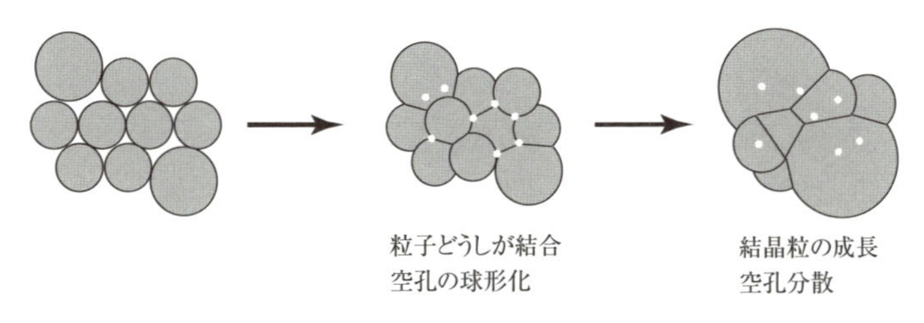

図 10-4　焼成過程の模式図

天然に存在する砂や粘土には二酸化ケイ素 SiO_2 やケイ酸アルミニウム $Al_2O_3 \cdot 2SiO_2 \cdot 2H_2O$ などが含まれ，これらを原料に陶磁器やレンガ，ガラスなどを作って紀元前から人類はセラミックスを生活に取り込んできた。現代では高純度原料や人工的に作り出した化合物を使ってより高い機能をもつセラミックス，**ファインセラミックス**が作製されるようになった。ファインセラミックスは酸素センサや温度センサ，電子部品（コンデンサ）などに使用されている。また，生体に適合しやすい性質をもたせたものを**バイオセラミックス**という。

10-3-2 バイオセラミックス

近年，医療の発達により人類の寿命は長くなり，それに伴い疾患数も増加している。QOL（quality of life）の低下を招く要因の 1 つに，事故による骨欠損や老化による関節障害が挙げられる。生体によく適合し，加工しやすく耐久性に富むバイオセラミックスによる人工骨や人工関節の開発はその解決策の 1 つである。バイオセラミックスは**生体不活性セラミックス**と**生体活性セラミックス**の 2 つに分類される。

生体不活性セラミックスは化学的に安定な材料で，高い耐磨耗性をもち人工股関節の関節摺動（しゅうどう）部に使われる。ここではアルミナ Al_2O_3 の多結晶体が用いられる。アルミナ Al_2O_3 は高強度で硬く，中性の水溶液中で耐久性が高いため，体内で磨耗することがほとんどなく長期間使用できる。

これに対して生体活性セラミックスは骨と強固に直接結合するので，頭蓋骨の充填などに使われている。セラミックスと骨が直接結合する性質は骨結合性と呼ばれる。生体活性セラミックスの代表的化合物としてヒドロキシアパタイト（HAp）がある。HAp は $Ca_{10}(PO_4)_6(OH)_2$ の化学式で表わされ[＊17]，骨の主成分としてよく知られている化合物であり，臨床には HAp の粉末を化学的に合成したものを用いる。HAp 粉末の代表的な合成法は，水酸化カルシウム $Ca(OH)_2$ の懸濁液に Ca/P のモル比が 1.67 となるようにリン酸 H_3PO_4 を加え，さらにアンモニア水を添加して塩基性に保つことによって低結晶性の HAp の粉末を得て，これをさらに焼成すると結晶性の高い粉末となる。この粉末を成型したものを 950 ℃から 1,300 ℃で焼結し，多結晶焼結体とした HAp を利用している。緻密な焼結体は溶解速度が小さく体内でほとんど吸収されず，この材料で作った人工骨を骨欠損部に埋め込むと，生体がこれを異物として認識せずに表面が自身の骨で覆われて，やがて置き換わっていく。

＊17　一般には化学量論組成とはならず，カルシウム欠損型アパタイトとなっている場合が多い。

10-4 ガラス

ガラスもセラミックスの 1 つであり，他のセラミックスが焼結体として微結晶の集合体であるのに対して，ガラスは原料を焼結ではなく融解（溶融とも呼ぶ）して作製され，その構造は非晶質[*18]である。主成分は二酸化ケイ素 SiO_2，つまり石英であるが，純物質の石英の融点は約 2,000 ℃と非常に高い。そのためガラスを製造する際には，融点を下げる炭酸ナトリウム Na_2CO_3 が加えられて 1,400 ℃から 1,500 ℃に加熱して原料を融解させて成型する。ガラスには固体から液体へ変化するはっきりとした融点は存在せず，ガラス転移現象[*19]を示す物質とされている。ケイ酸塩ガラスが一般的にはよく知られており，ケイ素 Si が sp^3 混成軌道を形成し，SiO_4 四面体[*20]の頂点を共有して三次元網目構造を形成する（図 10-6）。その他，光学ガラスなどとして用いられる石英ガラス[*21]，石けん，紙パルプや繊維などに利用されている液体状の水ガラス[*22]などがある。

*18　構造に規則性，周期性がない固体の状態で，**無定形**あるいは**アモルファス**ともいう。

*19　非晶質固体の温度を上げていくと融けて柔らかくなる（液体になる）現象。

*20

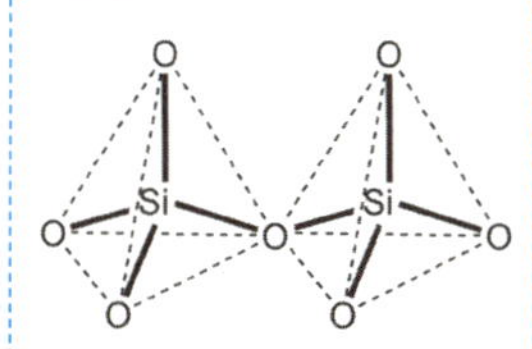

図 10-5　SiO_4 四面体の構造

*21　石英 SiO_2 から作られる，金属不純物をほとんど含まない高純度のガラス。

*22　$Na_2O \cdot nSiO_2$ で表わされるケイ酸のナトリウム塩の濃厚水溶液をいう。

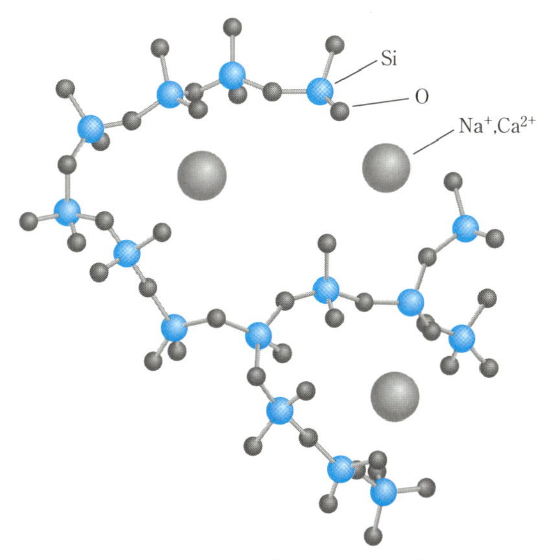

図 10-6　ケイ酸塩ガラスの構造例

10-4-1 一般ガラス

私たち生活の変化に伴い多くの種類のガラスが作られている。ガラスの種類は，大きく**一般ガラス**とより高い機能をもつ**機能ガラス**の 2 つに分けることができ，それぞれの機能や役割に応じて使われる。

一般ガラスとしては，窓ガラスなどに用いられているものが一般的で，特定の役割が強められたガラスもある。フロートガラスはフロート法という方法でつくられ，これは溶融したケイ酸塩をスズの液体上に流し，そこでガラス固化させるという方法である。最も一般的なガラスであり，板ガラスとも呼ばれる。網入りガラスは板ガラスに網状の金属を導入したものであり，ガラスが割れたとき，破片が落ちるのを防ぐ役割がある。また，炎に強く，火災のときに炎の侵入や燃え広がりを防ぐ効果などもある。

10-4-2　機能ガラス

強化ガラスはフロートガラスを高温に熱した後で急激に冷やすことによりつくられる。こうすることにより，同じ厚さのフロートガラスと比べて３倍から５倍の強度をもち，割れても破片が細かい粒状になるためケガを防ぐことができるようになる。

合わせガラスは二枚以上のフロートガラスを強靭な樹脂の膜で接着してつくられる。割れても破片が飛び散ることがほとんどないため安全性が高いほか，防音効果や紫外線をカットする効果などもある。

複層ガラス（ペアガラス）は二枚のガラスの間に乾燥した空気の層を封じ込めたガラスであり，この空気の層の効果で断熱性と遮熱性に優れるという特性をもつ。また，断熱性能が高いので結露を防ぐという機能もある。

10-4-3　結晶化ガラス

高い温度で溶融し，その温度をしばらく保持すると結晶が析出する。このようなガラスは**結晶化ガラス**と呼ばれる。結晶化ガラスはガラス中の核の生成と結晶化を制御することにより作製されるので，ガラスがもつ特徴と，結晶がもつ光学的および力学的特徴を併せもち，耐熱性が必要な天板，天体望遠鏡の反射鏡，耐熱食器，人工歯根，人工骨材などの高い熱的，機械的強度が求められる製品などに利用されている。

10-5　電子伝導性材料

無機材料にはさまざまな種類の電気伝導体が存在する。本節では物質中で電子が移動して電気伝導を示す**電子伝導体**を，また次節では，荷電したイオンの移動で電気伝導を示す**イオン電池**などを紹介する。

10-5-1　バンド構造と導電機構

原子は，原子核とその周りの軌道上の電子で構成されている（第２章参照）。それぞれの軌道は不連続の飛び飛びの値をとっているので，電子が取ることのできるエネルギーの状態を**エネルギー準位**と呼ぶことをすでに学んだ。数個の原子が集まって分子ができるときには，互いの電子軌道をもち寄って分子軌道として，エネルギーの低い結合性分子軌道とエネルギーの高い反結合性分子軌道が形成される（第 3 章参照）。これに対して，無数の原子が集まって固体を構成すると，結合性分子軌道と反結合性分子軌道が少しずつ異なるエネルギーをもつ軌道の集合体になり，最終的にはあるエネルギーの幅の中に無数の軌道が入った帯（**バンド**）を作る（図 10-7）。これを**エネルギーバンド**と呼ぶ。

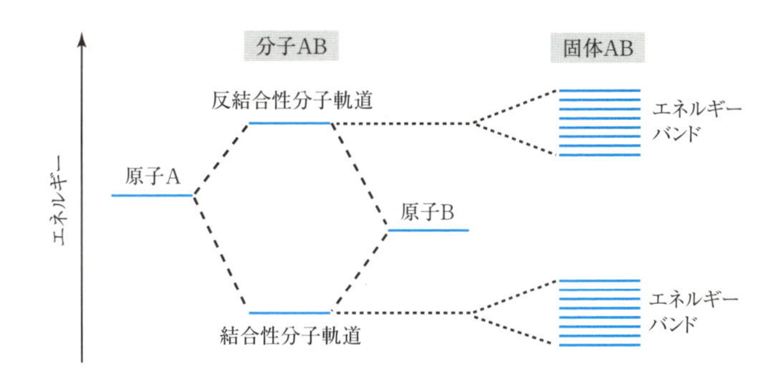

図 10-7　分子および結晶の分子軌道のエネルギー準位図

固体中の電子はエネルギーの低い結合性分子軌道に相当するバンドから順に配置される。電子で満たされたバンドで最もエネルギーが高い部分を**価電子帯**，そのすぐ上で全く電子が配置されていないか，もしくは一部電子が配置されているバンドを**伝導帯**，価電子帯と伝導帯のエネルギーの差を**バンドギャップ**と呼ぶ。電子が価電子帯や伝導帯などにどのように分布しているのかを示したのが**バンド構造**である（図 10-8）。

物質の電子伝導性は伝導帯に入った電子が動くか，価電子帯にできた**正孔**（**ホール**）が動くことによって生じる。正孔とは電子が詰まった価電子帯から電子が抜けてできる孔のことであり，負電荷を帯びた電子がなくなったので，正電荷を帯びた“部分”となっている。価電子帯に正孔ができると，周囲の電子がその正孔に入り込み，その電子が存在した場所に新たに正孔ができる。これが繰り返され，まるで正電荷を帯びた粒子が価電子帯を移動しているように振る舞い，電気伝導が起こる。電子伝導性の大きさの違いから物質は**金属**（**良導電体**），**絶縁体**，**半導体**に分類され，それぞれのバンド構造を比較すると図 10-8 のようになる。

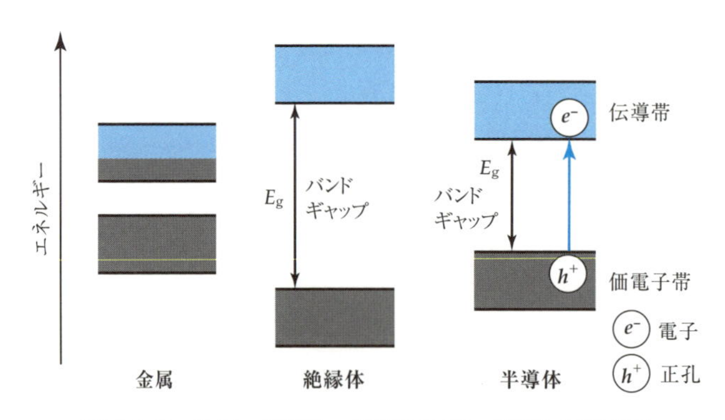

図 10-8　金属，絶縁体，半導体のバンド構造の模式図
（電子が入っている部分は灰色で示した）

金属はもともと伝導帯の一部に電子が配置されているので，高い電子伝導性を示す。一方，絶縁体と半導体の価電子帯は電子で満たされているが，伝導帯は空の状態にある。バンドギャップを乗り越えて価電子帯から伝導帯に電子が移動すれば電気伝導性を示すことになるが，バンドギャップが大きくて伝導帯へ電子移動が起こらない物質を絶縁体といい，バンドギャップが小さく価電子帯の電子が外部から熱や光などのエネルギーを受け取って，伝導帯に電子が移ることができる物質を半導体という。

10-5-2　さまざまな種類の半導体

半導体には，１種類の元素のみでできている**元素半導体**と２種類以上の元素からできている**化合物半導体**がある。元素半導体にはケイ素 Si 結晶やゲルマニウム Ge 結晶があり，化合物半導体には GaAs や ZnAs などがある。化合物半導体はそのバンドギャップの大きさを，組み合わせた原子の軌道の重なりや結合の分極をコントロールすることによって調整することができる。また半導体は少量の不純物を混ぜることによって，バンドギャップを小さくすることができる（図 10-9）。

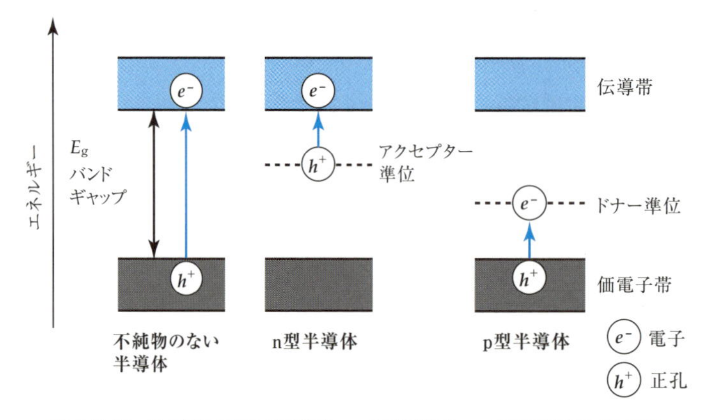

図 10-9　不純物のない半導体，n 型半導体，p 型半導体の模式図

電子を放出する不純物（ドナーという）を加えて，ドナーがもつエネルギー準位（ドナー準位）から電子が伝導帯に移動して電子伝導性を示す半導体を**n 型半導体**という。一方，電子を受け取る不純物（アクセプターという）を加えて，価電子帯からアクセプターがもつエネルギー準位（アクセプター準位）へ電子が移動し，価電子帯に正孔ができて電子伝導性を示す半導体を**p 型半導体**と呼ぶ。たとえば，ケイ素 Si 結晶に数 ppm[*23] のリン P を加えると n 型半導体が，数 ppm のアルミニウム Al を加えると p 型半導体が形成するが，どちらもケイ素 Si 結晶の 100 万倍の電子伝導性を示す。

外部からの刺激で電子伝導性を示す半導体は，太陽電池[*24] やトランジスタ[*25]，ダイオード[*26] といった**電子素子**（「電子部品」もしくは「デバイス」ともいう）としての開発が進んでおり，様々な電子機器に利用されている。 なお，**「コラム／発展」**では省エネルギー型の照明器具としても注目されている発光ダイオード（LED）について紹介する。

*23　5-4-1 節参照。

*24　太陽電池は太陽光のエネルギーを吸収して直接，電気変換するエネルギー変換素子である。一般にケイ素 Si 半導体が利用される。

*25　トランジスタとは小さな電気信号を大きな電気信号に変換して増幅する機能をもつ電子素子のこと。

*26　ダイオードとは電流を一定方向にしか流さない作用（整流作用）をもつ電子素子のこと。交流を直流にしたり，逆流を防いだりする。

10-6　実用電池：その 2

10-6-1　リチウムイオン電池

電池の仕組みについては，第 8 章ですでに学んだ。ここでは，特に広く用いられている二次電池である**リチウムイオン電池**[*27] について，さらに詳しく見てみることにする。

*27　8-2-4 節参照。

リチウムイオン電池は小型で高性能であるため，スマートフォンやパソコンから電気自動車に至るまで，今や私たちの生活に欠かせないものの 1 つになっている。その内部では，リチウムイオン Li^{+} が電解液を介して正極―負極間を行き来することで充放電が行われる。リチウムはイオン化傾向が大きく，高い電圧が得られるという特徴がある。正極材料には一般的に，コバルト Co，ニッケル Ni，マンガン Mn の単一または複合の金属酸化物や $LiFePO_4$ のようなリン酸鉄系の材料が使用される。負極材料には一般的に，炭素系の材料や合金系の材料が使用されている。

外部の充電電源により，電流の移動にともなって正極からリチウムイオンが電解液中に抜け出し，負極の炭素結晶層間へと移動していく。逆に放電時には負極の炭素結晶層間からリチウムイオンが電解液中に抜け出し，正極の結晶構造へと移動していくことで，外部回路に電流が取り出せるようになる。

一般的に次式が成立する。

正極　$Li_{(1-x)}MO_2 + xLi^+ + xe^- \rightleftarrows LiMO_2$　(10-17)

M：金属元素（例：Ni，Mn，Co）

負極　$Li_xC \rightleftarrows C + xLi^+ + xe^-$　(10-18)

また，電池全体としては，次式のようになる。

$$Li_{(1-x)}MO_2 + Li_xC \rightleftarrows LiMO_2 + C \quad (10\text{-}19)$$

10-6-2　燃料電池

水素 H_2 を燃焼して（式 10-20），そのエネルギーを熱としてではなく電気エネルギーとして取り出すのが**燃料電池**である[*28]。触媒として白金 Pt が使われる。

*28　8-2-4 節参照。

$$2H_2 + O_2 \longrightarrow 2H_2O \quad (10\text{-}20)$$

負極，正極ではそれぞれ以下の反応（式 10-21，式 10-22）が起き，起電力は 1.2 V である。その仕組みを図 10-10 に示す。

負極　$H_2 \longrightarrow 2H^+ + 2e^-$　(10-21)

正極　$O_2 + 4H^+ + 4e^- \longrightarrow 2H_2O$　(10-22)

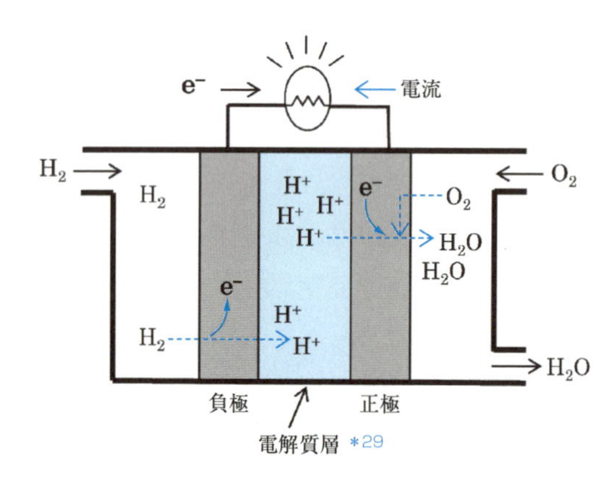

図 10-10　燃料電池の仕組み

*29　電解質にはリン酸 H_3PO_4 や固体高分子膜を用いたものなどがある。それぞれリン酸形燃料電池（PAFC），固体高分子形燃料電池（PEFC）と呼ばれる。

水素（負極）と酸素（正極）を供給する限り発電をし続けることが可能である点が，これまで見てきた電池とはまったく異なる。つまり，一次電池とも二次電池とも異なる発電装置である。またエネルギー効率が高いという特徴があり，得られる熱エネルギーを電気エネルギーに変換する方法（いわゆる火力発電）ではエネルギー効率は 40%程度で，残りは熱として失われてしまうが，直接電気エネルギーに変換することでより高効率でエネルギーを取り出すことが可能である[*30]。

> *30　電気エネルギーと共に発生する熱もエネルギーとして利用するシステム（コジェネレーションシステム）によりエネルギー効率は80%程度にまでなる。

「コラム／発展」

電気を無駄なく光に変える電子素子，発光ダイオード（LED）

半導体ダイオードには分離した電子と正孔が結合（**再結合**）するときに発光するものがあり，これを**発光ダイオード**（**LED**，Light Emitting Diode）という。発光ダイオードはp型半導体とn型半導体を接合して作られており[*31]，電源の正極をp型半導体側に，負極をn型半導体側につないで電圧をかけると電子はp型半導体の伝導帯から，正孔はn型半導体の価電子帯から接合面に押し出され，そこで電子と正孔が結合する。その際にバンドギャップと等しいエネルギーをもった光が発光する。このようにLEDは電気エネルギーを直接，光に変えてほとんど発熱しないので，エネルギー効率の良い発光体である。

> *31　p-n接合と呼ばれる。

また発光する色は半導体のバンドギャップの大きさによって変わるので，適切な半導体を組み合わせればLEDの発光色はコントロールすることができる。光の三原色である赤，緑，青の基本の三色[*32]があれば，これらを混ぜ合わせてフルカラーを作ることができるので，この三色のLEDの開発は精力的に進められた。現在，赤色LEDはGaPとGaAsの組み合わせ，緑色LEDはGaPとAlPの組み合わせ，青色LEDはGaNとInNの組み合わせで作られる。青色LEDの開発に関しては，2014年に高輝度青色LEDの発明と実用化の業績によって，赤崎勇教授，天野浩教授，中村修二教授がノーベル物理学賞を受賞した。

> *32　赤(Red)，緑(Green)，青（Blue）の頭文字をとって**RGB三原色**とも呼ばれる。

近年では三原色以外のさまざまな色のLEDの開発と実用化が進んでおり，信号機や照明器具など多くの製品にLEDが用いられている。

演習問題

1．ガラスを再加熱すると割れにくくなるなど，強度が増すが，その理由を説明せよ。

2．セラミックスの作製過程で行われる「焼結」とはどのような作業でどのような効果があるのか説明せよ。

3．ガラスにははっきりとした融点がない。その理由を説明せよ。

4．ケイ素 Si 結晶にわずかにリン P を加えると n 型半導体が，アルミニウム Al を加えると p 型半導体が形成するが，その理由を考えよ。

第11章 化学と物質：有機化合物・高分子化合物

11-1 多様な有機化合物

炭素原子Cを骨格とする化合物を有機化合物といい，その主な構成元素は，炭素に加えて水素H，酸素O，窒素N，硫黄S，リンP，ハロゲン元素（F，Cl，Br，I）など，ごく限られている。それにもかかわらず，有機化合物の種類は無機化合物に比べて非常に多く，1,000万種を超えるといわれている。

これは，炭素の原子価[*1]が4，つまり4つの共有結合をつくることができるということによる。繰り返し共有結合をつくってつながっていくことができ，同時に，単結合，二重結合，三重結合という結合の多様性もある。たとえば，レゴブロックというおもちゃを想像してみるといい。レゴブロックはわずかな種類の形のブロックから限りなく多くの形を組み上げることができる。化学者にとって，新たな形の有機化合物を作り出すことは，レゴブロックを組み立てる楽しみに似ているところがある。

分子式 C_4H_8 をもつ炭化水素の構造異性体[*2]には，以下のように5つの化合物がある（図11-1）。そして，構造異性体の数は，炭素の数が大きくなると急激に大きくなることは容易に想像できるであろう。

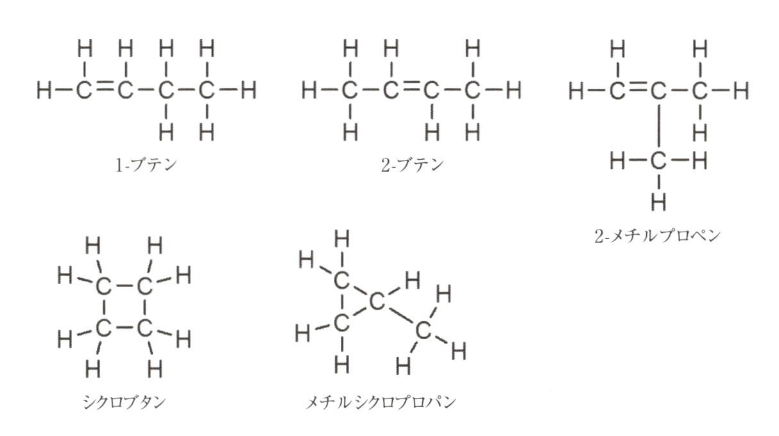

図11-1　分子式 C_4H_8 の構造異性体[*3]

*1　**原子価**
ある元素の原子が他の原子といくつ単結合を作れるかを表す数で，たとえば，水素Hは1，酸素Oは2，窒素Nは3である。

*2　**構造異性体**
分子式は同じであるが，構造式が異なるものどうしのことをいう。なお，構造式とは共有結合を線——を使って表わした式をいう。

*3　2-ブテンには立体的に異なる2種類の構造（シス形，トランス形）があり，このようなものを幾何異性体という。

11-2 有機化合物の構造を書く

ヘキサン（分子式 C_6H_{14}）*4 は，沸点 69 ℃の無色透明の液体で，水にほとんど溶けない。有機溶媒*5 としてよく利用され，ガソリンの主成分の1つでもある。その構造を図 11-2 に示す。

```
   H  H  H  H  H  H
   |  |  |  |  |  |
H—C—C—C—C—C—C—H
   |  |  |  |  |  |
   H  H  H  H  H  H
```

構造式

CH_3-CH_2-CH_2-CH_2-CH_2-CH_3

$CH_3CH_2CH_2CH_2CH_2CH_3$

示性式／短縮構造

図 11-2　ヘキサンの構造

小さな分子ではさほど苦ではないかもしれないが，ヘキサンほどの分子になると，すでにそのすべての原子とすべての結合をいちいち書くのはかなり面倒である。そのため，化学では構造を簡単に表記するための**骨格構造式**をよく使用する。この方法を使うと，たとえばヘキサンは次のように書くことができる（図 11-3）。ルールは簡単である。

骨格構造式のルール

- 炭素原子と炭素に結合した水素原子は省略できる。
- 炭素と水素以外のすべての原子は書かなければならない。

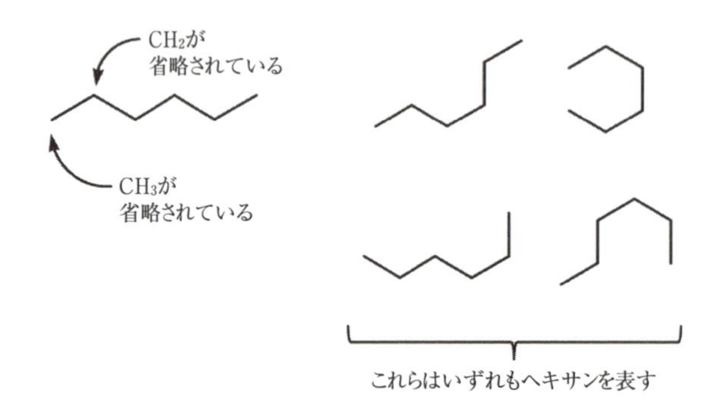

図 11-3　ヘキサンの骨格構造式

2つの線（結合）の交点やそれぞれの線の端を炭素原子とみなし，また，各炭素に結合している水素の数は炭素の原子価が4であることからおのずと決まるため，書く必要がないのである。いくつかの例を以下に示す（図 11-4）。

*4　分子式 C_nH_{2n+2} で表される炭化水素をアルカンという。

表 11-1　炭素骨格の名称
（1）直鎖状飽和炭化水素

分子式	名称
CH_4	メタン
C_2H_6	エタン
C_3H_8	プロパン
C_4H_{10}	ブタン
C_5H_{12}	ペンタン
C_6H_{14}	ヘキサン
C_7H_{16}	ヘプタン
C_8H_{18}	オクタン
C_9H_{20}	ノナン
$C_{10}H_{22}$	デカン

*5　**有機溶媒**
溶媒として用いられる液体の有機化合物。ジエチルエーテル（$CH_3CH_2OCH_2CH_3$）やアセトン（CH_3COCH_3）などがある。

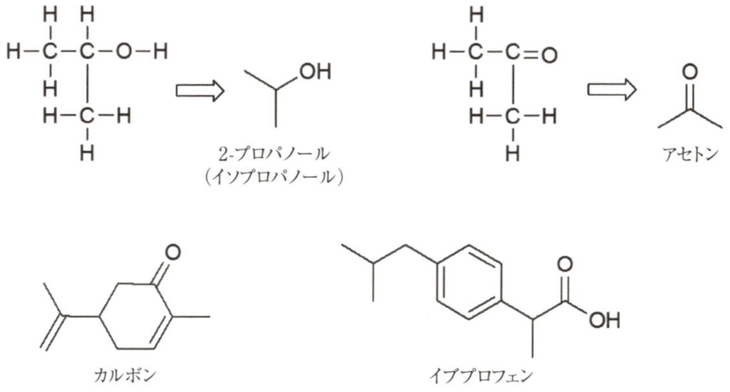

2-プロパノール
（イソプロパノール）

アセトン

カルボン

イブプロフェン

図 11-4　骨格構造式の例

2- プロパノールやアセトンは水と任意の割合で混ざり合い，有機化合物もよく溶かす性質をもつ有機溶媒として使用される。また前者は，エタノール CH_3CH_2OH などとともにアルコール系消毒剤としても用いられている。カルボンはスペアミントの香りの主成分であり，イブプロフェンは消炎鎮痛作用をもつ医薬品としていずれも身近に存在し，使用されているものである。

11−3　有機化合物の本当の姿を知る

11−3−1　共鳴構造を考える

有機化合物がどのような性質をもち，どのような反応をするのかを理解するには，その本当の姿を知ることが何よりも大切である。すでに原子や化学結合について学んできたように，たとえば共有結合について，単結合を線 ── で表わし，二重結合を二重線 ═ で表わすというのは人間が紙の上に書くために決めたルールに過ぎず，決して有機化合物の本当の姿を表わしているわけではない。

分子式 C_6H_6 をもつ化合物にベンゼンがある。ベンゼンの構造は図 11-5 ①に示したように書ける。しかし，より実際の構造に近い分子モデル（空間充填模型）で表わすと②のようになる。

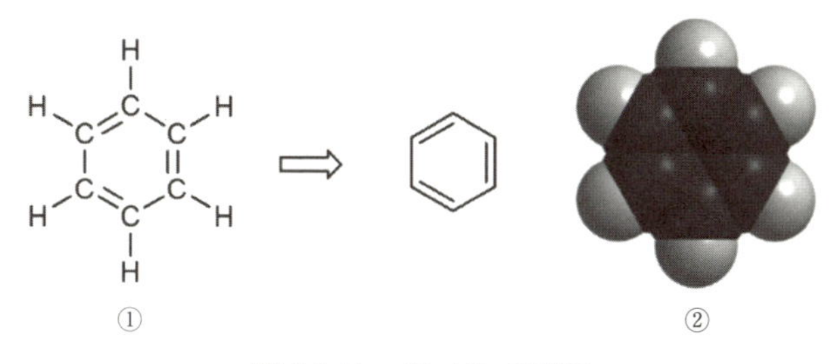

図 11-5　ベンゼンの構造

たとえば，エタン CH_3-CH_3 の炭素原子間（単結合）の結合距離は 0.154 nm，エテン（エチレン）$CH_2=CH_2$ の炭素原子間（二重結合）の結合距離は 0.134 nm である。しかし，ベンゼンの炭素原子間の結合距離はこれらの中間の値で，区別なくすべて 0.139 nm である。実際のベンゼンの構造は，6つの炭素原子が正六角形に結合し，炭素と水素，すべての原子が同一平面上に位置するというものである。

ベンゼンを本当の姿により近い形で書く方法に**共鳴構造**という考え方がある。ベンゼンの共鳴構造を図 11-6 ①に示す。これらの構造は，ベンゼンを互いに回転させた状態を表しているのではなく，個々の原子の位置は変わらない。つまり，炭素原子間の結合は単結合でもあり，二重結合でもある。簡単にいえば，2つの構造を平均化した中間的な形であることを表わしている[*6]。そして，このことを表現するためにベンゼンを②のように書くこともある。以下は共鳴構造についての主な注意点である。

*6　共鳴関係を表す矢印には，両矢印⟷が使用される。

共鳴構造の注意点

- それぞれの共鳴構造は仮想的なもので，実在のものではない。
- 二重結合や三重結合（π結合[*7]の電子）と非共有電子（対）の位置だけが異なる。

*7　$\overset{パイ}{\pi}$ 結合(4-3-3 節参照)
共有結合には電子の軌道が2つの原子の中心を結ぶ線上で重なってできる $\overset{シグマ}{\sigma}$ 結合と，p 軌道どうしが原子中心を結ぶ線上以外で重なるπ結合の2種類がある。二重結合はσ結合とπ結合から，三重結合はσ結合と2つのπ結合からなる。

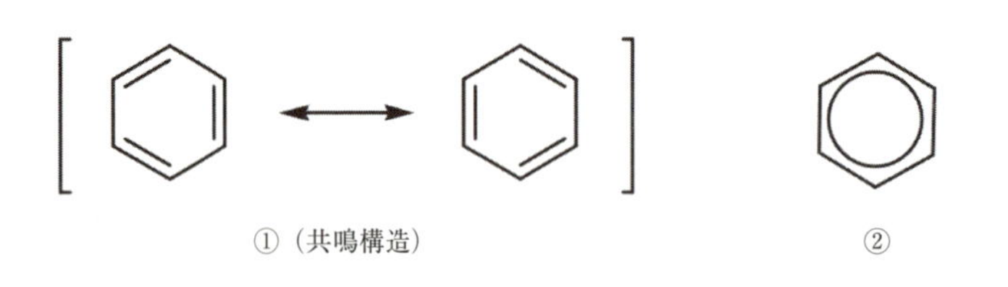

図 11-6　ベンゼンの共鳴構造

ベンゼンのこの特別な構造（共鳴構造）はなぜ生じるのであろうか。簡単にいえば，それはエネルギー的により安定だからである。では，なぜ安定なのであろうか。

それには電子の軌道を考える必要がある。ベンゼンのπ結合をつくる6つの電子の p 軌道（ベンゼン環に対して垂直）がお互いに重なり合い，1つの大きな軌道[*8]を作り，6つの電子が“非局在化した”状態をとる。例えていうと，これらの電子は二重結合のπ電子（π結合の電子）として小さな空間に閉じ込められている（これを“局在化している”という）のではなく，大きな空間に広がったより“居心地”のいい状態（これを“非局在化している”という）をとり，それが安定化の源となっているのである。

*8

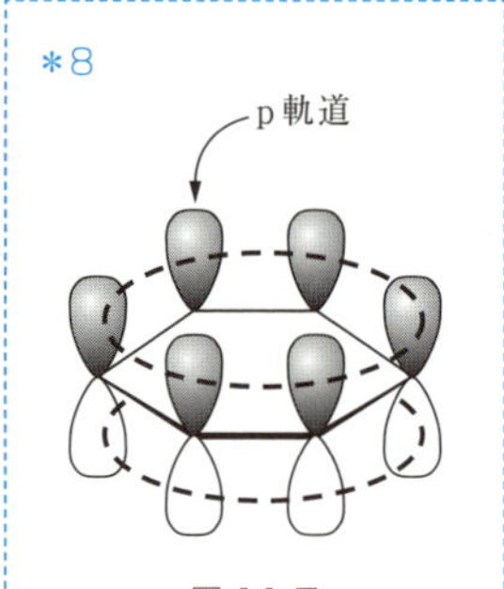

図 11-7
ベンゼン環上の6つの p 軌道のそれぞれが両隣の p 軌道との間に重なり合いを生じ，結果として大きな環状の軌道となる。

なお，ベンゼンのような特別な環構造をもつ化合物群をまとめて**芳香族化合物**と呼ぶ。また，芳香族以外の化合物を**脂肪族化合物**という。

11-3-2　カルボン酸はどうして酸なのか

すでに学んだように酢酸 CH_3COOH はアレーニウスの酸である。希薄水溶液中でわずかに解離してオキソニウムイオン H_3O^+ を生じる。しかし，同じ C—O—H 構造をもつエタノール CH_3CH_2OH のことを通常，酸とは言わない。実際，酢酸の電離平衡の平衡定数（K_a）[*9] の値は 2.7×10^{-5} であるのに対して，エタノールの値は 1.0×10^{-16} である（図 11-8）。酢酸よりもおよそ 10^{11} 倍も弱い酸であるといえる。なぜ，このように大きな違いを生じるのであろうか。そのことを理解するには，酢酸イオン CH_3COO^- の本当の姿を知る必要がある。

> *9　K_a（第 7 章参照）
> 酸の平衡定数（電離定数）。通常，弱酸は非常にわずかに電離しているので，弱酸としての酸の程度を
> $$pK_a = -\log_{10} K_a$$
> として表す。したがって，酢酸の pK_a 値は 4.6，エタノールは 16 であり，pK_a 値が大きいほど弱い酸である。

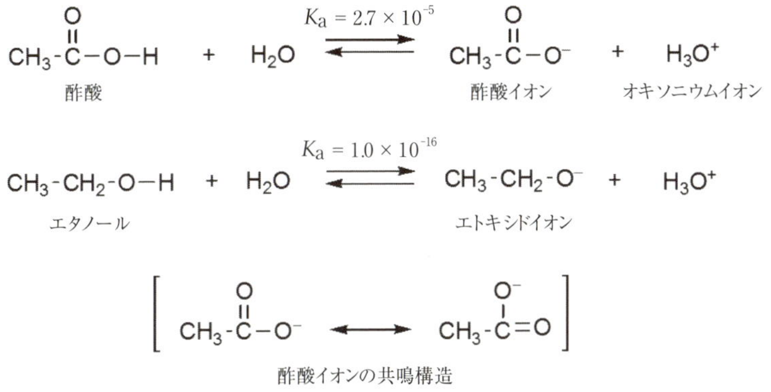

$$CH_3\text{-}C(=O)\text{-}O\text{-}H + H_2O \underset{}{\overset{K_a = 2.7 \times 10^{-5}}{\rightleftharpoons}} CH_3\text{-}C(=O)\text{-}O^- + H_3O^+$$

酢酸　　　酢酸イオン　　　オキソニウムイオン

$$CH_3\text{-}CH_2\text{-}O\text{-}H + H_2O \overset{K_a = 1.0 \times 10^{-16}}{\rightleftharpoons} CH_3\text{-}CH_2\text{-}O^- + H_3O^+$$

エタノール　　　エトキシドイオン

$$\left[CH_3\text{-}C(=O)\text{-}O^- \longleftrightarrow CH_3\text{-}C(\text{-}O^-)=O \right]$$

酢酸イオンの共鳴構造

図 11-8　酢酸とエタノール

酸としての能力はその共役塩基[*10]の安定性によって論じることができる。酢酸の場合には，酢酸イオンが共役塩基となる。共役塩基が安定であればあるほど平衡は右（正反応側）に進みやすく，より強い酸となり，逆に不安定であれば平衡は左（逆反応側）に偏り，より弱い酸となる。不安定，つまりエネルギーの高い状態になる方向に反応が進みにくいのは当然である。

> *10　**共役酸・共役塩基**
> ブレンステッド-ローリーの酸・塩基の定義において，H−A を酸，:B を塩基として以下のように書ける。
> $$H\text{−}A + :B \rightleftharpoons :A^- + H\text{−}B^+$$
> このとき :A⁻ を HA の**共役塩基**，H−B⁺ を :B の**共役酸**という。また，HA は :A⁻ の共役酸，:B は H−B⁺ の共役塩基であるという（7-2-2 節参照）。

エタノールの共役塩基であるエトキシドイオン $CH_3CH_2O^-$ の負電荷は酸素原子上に局在化している。一方，酢酸イオンの真の構造は図 11-8 に示した共鳴構造で表される。酢酸イオン上の負電荷は 2 つの酸素原子上に非局在化した構造を（分散して存在）している。このため，エトキシドイオンに比べて酢酸イオンはより安定，つまり平衡は右に偏りやすくなり，したがって，酸としての性質を示すのである。

11-4　有機化合物を特徴づけるもの

サリチル酸は，ベンゼン環上にヒドロキシ基 -OH（フェノール性 OH 基）とカルボキシ基 -COOH をもつ化合物である（図 11-9）。サリチル酸は白色結晶（融点 159 ℃）で，殺菌剤，防腐剤などとして用いられている。

サリチル酸にエステル結合（エステル基）-COO- を導入すると，それぞれアセチルサリチル酸とサリチル酸メチルとなる。アセチルサリチル酸は白色固体（融点 135 ℃）で，1899 年にアスピリンの商品名で発売されて以来，現在まで解熱鎮痛剤として広く用いられてきている。一方のサリチル酸メチルは無色の液体（融点−8 ℃）で，消炎鎮痛剤として外用塗布薬として用いられている。芳香性の特徴ある匂いを嗅いだことのある人も多いだろう。

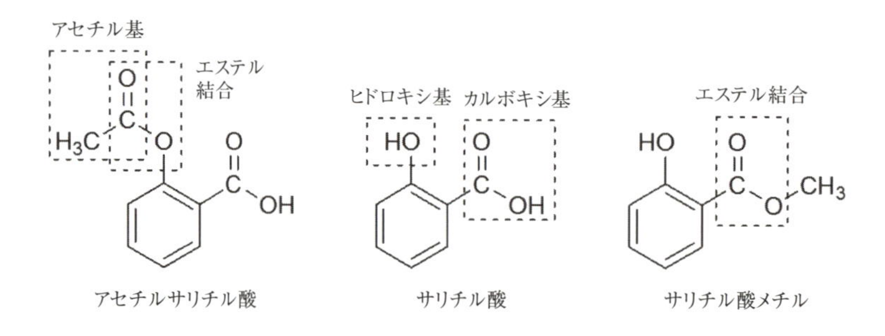

図 11-9　サリチル酸とその誘導体

これらの化合物はいずれもサリチル酸骨格をもち，わずかに構造が異なるだけにもかかわらず，性質やどのような反応を起こすかなどは大きく違う。ヒドロキシ基やカルボキシ基のような原子団を**官能基**という。官能基は分子の中での一部分でしかないが，有機化合物の性質・反応性を決めるものである。

どのような官能基をもっているかをみれば，有機化合物の大きさや複雑さに関わりなく，およそどのような反応性を示すかがわかることになる。主な官能基の種類を表 11-2 に示す。

表 11-2　主な官能基の構造[*11]

官能基	構造	一般名称	化合物例
ヒドロキシ基	-OH	アルコール	メタノール CH_3-OH
		フェノール	フェノール C_6H_5-OH
エーテル結合	-O-	エーテル	ジエチルエーテル C_2H_5-O-C_2H_5
カルボニル基（ケトン基）	-CO-	ケトン	アセトン CH_3-CO-CH_3
アルデヒド基	-CHO	アルデヒド	アセトアルデヒド CH_3-CHO
カルボキシ基	-COOH	カルボン酸	安息香酸 C_6H_5-COOH
エステル結合	-COO-	エステル	酢酸エチル CH_3-COO-C_2H_5
アミノ酸	-NH_2	アミン	アニリン C_6H_5-NH_2

＊11
表 11-3　炭素骨格の名称
（2）アルキル基＊

置換基	基の名称
CH_3-	メチル
C_2H_5-	エチル
C_3H_7-	プロピル
C_4H_9-	ブチル
C_5H_{11}-	ペンチル
C_6H_{13}-	ヘキシル
C_7H_{15}-	ヘプチル
C_8H_{17}-	オクチル
C_9H_{19}-	ノニル
$C_{10}H_{21}$-	デシル

＊アルカンから水素原子 1 個を取り除いた炭化水素基のこと。

ではなぜ，官能基は分子の反応性を決めることになるのだろうか。

表 11-2 に示した代表的な官能基はいずれも，酸素 O や窒素 N といった原子を含む。これらの原子は，すでに見てきたように炭素 C に比べてより大きな電気陰性度をもつ（炭素 C　2.6，窒素 N　3.0，酸素 O　3.4）[*12]。たとえばカルボニル基の C=O 結合は，酸素原子側に電子が引きつけられて分極しており，カルボニル炭素は部分的に正（δ+）に，カルボニル酸素は部分的に負（δ−）に荷電している（図 11-10）。カルボニル基をもつ分子のほとんどの反応が，この δ+ “電子不足” と δ− “電子豊富” という分極の考え方によって説明できる。

＊12　3-2-3 節参照。

図 11-10　カルボニル基の分極

同様に官能基は**極性共有結合**[*13] を含み，その形ごとの電子の偏りを生じている。したがって，官能基の構造が反応性を決めることになる。この場合にも分子の本当の姿を理解することが重要であることがわかるであろう。こうしたことから有機化学では官能基の種類（表 11-2 中

＊13　**極性共有結合**
共有結合のうち電気陰性度の違いにより，結合電子の分布に偏りが生じて各原子が部分的な電荷（δ+，δ−）をもつもの（3-2-3 節参照）。

の一般名称）ごとに有機化合物を分類し，性質や反応性を学んでいくことが多い。

11-5　有機化合物の反応

具体的に有機化合物の反応を見てみよう。すでにサリチル酸にエステル結合を導入するとサリチル酸メチルになることを学んだ。このような反応を**エステル化**という。安息香酸を出発原料に用いたエステル化反応を図 11-11 に示す。

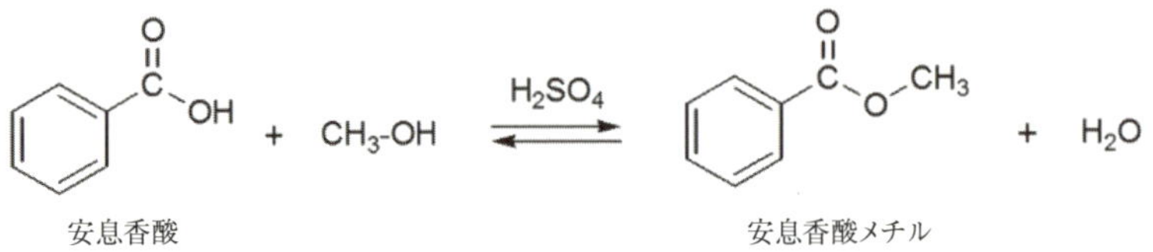

$$C_6H_5COOH + CH_3OH \underset{}{\overset{H_2SO_4}{\rightleftharpoons}} C_6H_5COOCH_3 + H_2O$$

安息香酸　安息香酸メチル

図 11-11　安息香酸の Fischer エステル化反応

このようなカルボン酸とアルコールからエステルを作る反応は Fischer（フィッシャー）エステル化とよばれる。化学反応式から，たとえば安息香酸 1 mol とメタノール 1 mol が反応して，目的物質である安息香酸メチル 1 mol と水 1 mol が生成することがわかる。しかし実際の反応では，安息香酸とメタノールをただ 1 : 1 で混ぜればいいというものではない。この反応は可逆反応であり，以下の平衡定数 K が存在する。

$$K = \frac{[C_6H_5COOCH_3][H_2O]}{[C_6H_5COOH][CH_3OH]}$$

したがって，生成物である安息香酸メチルを効率よく得るためには過剰量のメタノールを（溶媒として）用いなければならない（ルシャトリエの原理）*14。通常，Fischer エステル化では過剰量の液体のアルコールを用いる必要があり，コスト面なども考え合わせると，メタノールやエタノールなど，利用できるアルコールの種類は限られている。

また通常，H_2SO_4 や HCl のような強酸が触媒として用いられる。酸はこの反応でどのような役割を果たすのであろうか。

カルボキシ基では図 11-12 に示したような炭素原子と酸素原子の電気陰性度の違いによる分極が生じており，酸素原子は負に荷電した状態（$\delta-$）にある。安息香酸上のこの電子豊富な酸素原子と，酸から発生する H^+ とが互いに静電的に引きつけあうのは，ごく自然の流れである。

＊14　**Fischer エステル化**
平衡定数（K）は 1 程度で反応は右向きにも左向きにも進行させることができる。過剰量のアルコールが存在すれば右向きのエステル化（縮合反応）が，過剰量の水が存在すると左向きのエステルの加水分解反応が有利になる。詳細は 6- 4 節を参照。

この反応過程（反応機構）が図中に示されている。特に最初の段階はすでに見てきたブレンステッド・ローリーの酸・塩基の反応と同じであることが理解できるであろう（7-2 節参照）。この場合，安息香酸が水素イオン（H^+）を受け取る塩基として作用している（酸・塩基の関係は互いに相対的なものであることを思い出そう）。あるいは電子対を与えるもの（安息香酸）と電子対を受け取るもの（H^+），ルイス塩基・ルイス酸の反応と考えてもいい（7-3 節参照）。そして，最終段階でオキソニウムイオンが再生して，酸が触媒として作用していることがわかる[*15]。

＊15　反応機構中の曲がった矢印

は電子対の動きを示し，有機化学反応の仕組み（反応機構）を理解するのに利用される。

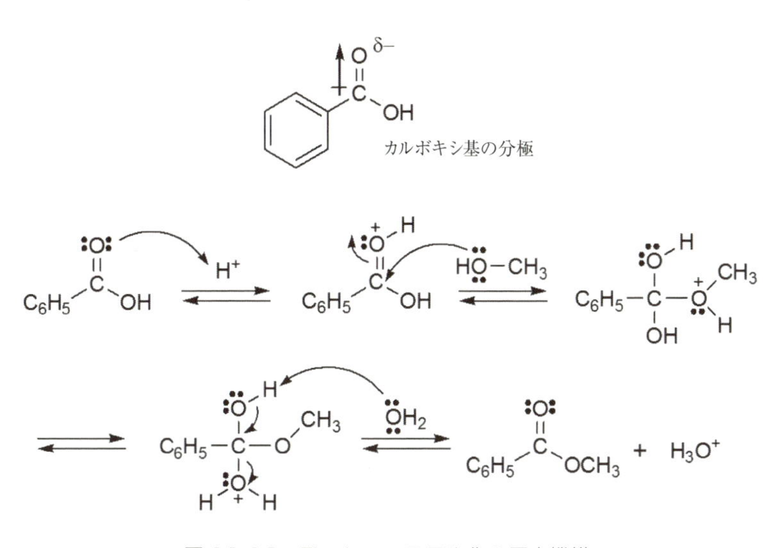

図 11-12　Fischer エステル化の反応機構

カルボン酸とアルコールの反応は，例として示した安息香酸とメタノールの反応と同じようにして起きるので，この仕組みを理解しておけば，反応がどのように進むかをいつでも知ることができるのである。

11-6　有機化合物のかたちと機能／洗剤が汚れを落とすわけ

私たちの身の回りでは，医薬品をはじめとするさまざまな有機化合物が大切な役割を担い，生活を支えている。ときにその精緻な働きにはまるで意志があるかのように思えることすらある。しかし，分子はあくまでも自然にふるまっているだけで，もちろん意志があるわけではない。では，分子のふるまいはどのように決められるのであろうか。それを理解するためにはやはり分子の形を理解する必要がある。以下に，その例を見てみることにしよう。

図 11-13 に示されている分子はいずれも長い飽和炭化水素の鎖［アルキル基（11-4 節参照）］と中和反応で生成する塩（えん）（7-1-5 節参照）

の両方の構造をもっている。アルキル基の部分は前出のヘキサンと同様に水に不溶であり，一方，塩の部分はイオン結合を含み，水に溶ける。このように水に溶けない**疎水性**（あるいは親油性）の部分と水に溶ける**親水性**の部分をあわせもった分子を両親媒性分子（あるいは**界面活性剤**）という。これらは石けんや合成洗剤として日常的に使われているものである。石けんは動植物性の油脂から作られ，親水性の部分はカルボキシ基の塩（えん）のかたち（COO^- M^+：M はナトリウム Na やカリウム K のような金属元素）をしている[*16]。合成洗剤は主に石油から作られ，親水性部分としてスルホ基（$-SO_3H$）の塩などの構造をもつ。

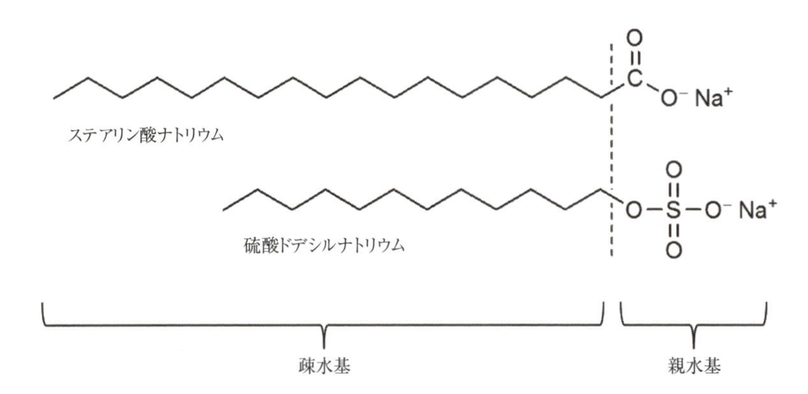

図 11-13　界面活性剤の構造[*17]

*16　油脂は以下のような構造をしており（R^1, R^2, R^3 はアルキル基），エステル結合をアルカリ水溶液で加水分解（けん化）して石けんが作られる。

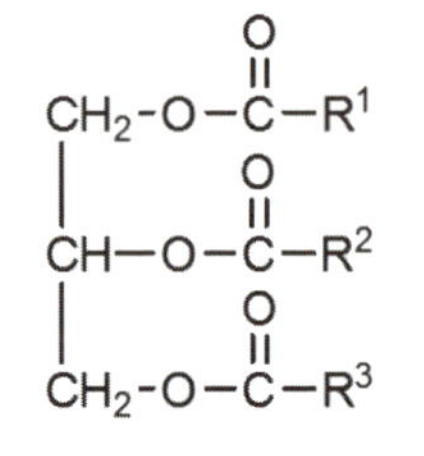

図 11-14　油脂の構造

*17　いずれも親水基が陰イオンになる陰イオン界面活性剤に分類されるものである。

水に溶けない油汚れを衣服などから水中に移動させる役目をもつのが洗剤，つまり界面活性剤である。界面活性剤の疎水性の部分（疎水基）は油に溶け，一方の親水性の部分（親水基）は油には溶けずに水に溶ける。こうして図 11-15 に示したように油は多数の界面活性剤分子に取り囲まれて，やがて水中に分散していき，結果として油汚れが落ちることになる。なお，水中に分散した油滴は水に溶けたわけではなく，乳濁した状態となる。このような作用を**乳化**という。

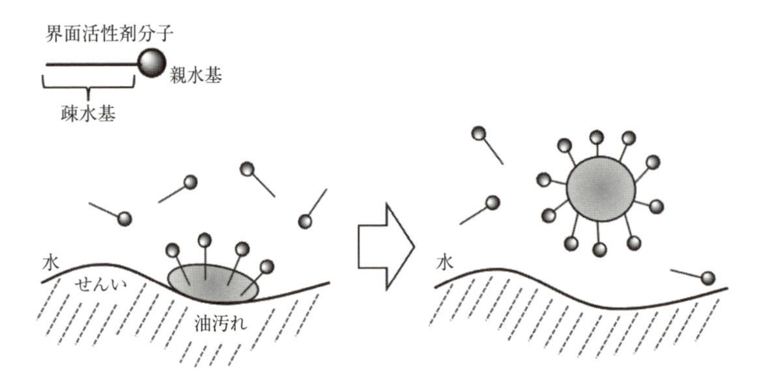

図 11-15　界面活性剤による乳化作用

洗剤を使って遊ぶ，シャボン玉もこの界面活性剤の分子が作りあげる形の 1 つである。図 11-16 に示したように水に界面活性剤の親水性の部分が溶け，一方，疎水性の部分が空気側に向かって並ぶ。こうして界面活性剤が作った二重の層の間に薄い水の層が出来上がり[*18]，シャボン玉となる。界面活性剤は，ただ水の膜の内外の表面に並んでいるだけで，反応が起きて互いに結合が生じているわけではないので，シャボン玉が割れれば，もとの洗剤の水溶液に戻るだけである。

*18　このような構造を逆ベシクルという。

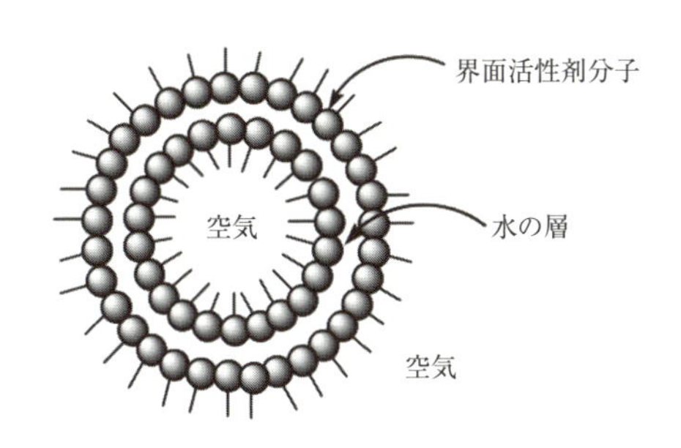

図 11-16　シャボン玉の構造

11-7　高分子とは

人類の歴史を材料で区分すると，石器の「石」の時代にはじまり，「銅」，「鉄」と続き，現在は「プラスチック（合成樹脂）」の時代ともいわれる。それほどまでに今や私たちの生活にプラスチックは欠かせない材料となっている。もちろん，綿や絹，天然ゴムなどの天然の繊維・高分子やそれを化学的に改良・加工したものは，以前から使われてはいた。しかし，人類が意図して作ったプラスチックを手にしてわずか，100 年程度しかたっていないのである[*19]。

*19　高分子が「高分子量の分子・巨大分子」であることは，1920 年代に H. Staudinger（シュタウディンガー）（1881-1965，ドイツ）によって証明された。それ以前は，低分子が弱い結合により多数会合することで，高分子的な挙動を示しているとする説が有力となっていた。シュタウディンガーは 1953 年にノーベル賞を受賞した。

プラスチックは軽くて，腐らず，さびない，そして多様な材料を作り出すことができるという特性ゆえに私たちの生活をこれほどまでに豊かにしてきた。一方で現在では，その分解されにくい性質のために環境中に廃棄されるプラスチックゴミが問題[*20]となり，その多様性のために廃棄物としての処理やリサイクルが複雑になるなど，様々な問題が生じてきている。

*20　近年では，海や湖に大量に漂い，環境影響が懸念されている微細なプラスチック，「マイクロプラスチック（マイクロビーズ）」が新たな問題として取り上げられてきている。

高分子とは一般に，「1 種類または複数種類の繰り返し単位（モノマー単位）が共有結合でつながって，長い鎖ができあがっている分子」をいう。**ポリマー**（polymer）ともよばれ，英語では macromolecule という言葉も使われる。まさに“巨大分子”である。以下にポリエチレンの合成例を示す（図 11-17）。高分子を作るもととなる低分子化合物，この場合にはエチレン C_2H_4（またはエテンともいう）のことを**モノマー**

といい，高分子をつくる反応のことを**重合**という。ポリエチレンの化学構造式中の n を**重合度**といい，高分子中にモノマー単位が n 回繰り返されてつながっていることを表している。

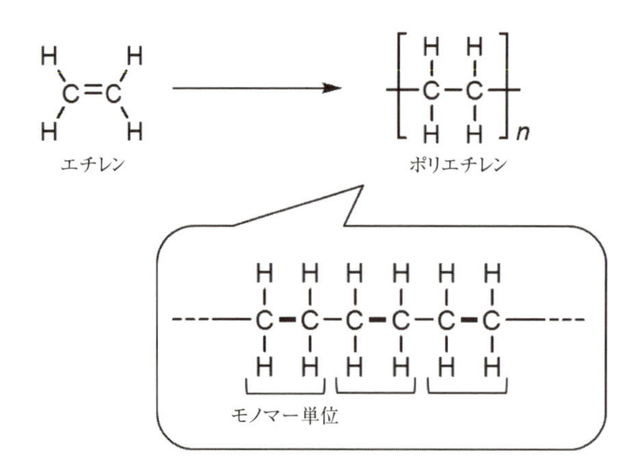

図 11-17　エチレンの重合

11-8　高分子の分子量を考える

高分子の分子量はどれくらいなのだろうか。

仮に，ポリエチレンの両末端を水素とする（図 11-17）。重合度 $n = 1$ のときは，エタン $H{-}CH_2{-}CH_2{-}H$（分子量 30）となり，常温常圧で気体の化合物である。重合度が大きくなっていくと化合物の状態はやがて液体から固体へと変化していく。しかし，重合度 $n = 100$ の化合物（$H{-}[{-}CH_2{-}CH_2{-}]_{100}{-}H$，分子量 2,802）は固体であるが，もろくて材料としては使いものにならないようなものである。ポリエチレンの場合には，重合度 $n = 1{,}000$，分子量 28,000 程度で材料として有用なものとなる。

材料としての性質を考えたとき，一般に，分子量が 1 万以上の物質を高分子化合物という。まさに巨大な分子である。また，重合度が小さな場合を特に**オリゴマー**とよんで区別することが多い。

タンパク質などの生体高分子を除いて，高分子化合物の分子量に関するもう 1 つの特徴は，分子量がそろっていないこと，つまり分布（多分散性ともいう）をもつことである。

高分子化合物はさまざまな分子量をもった分子の混合物である。純物質，たとえばエチレンであれば分子量や性質が決まったものとして与えられる。これに対して，ポリエチレンといってもどのような分子量をもつものであるかが決まっているわけではない。高分子化合物の分子量をあらわすのに**平均分子量**が使われる。同時に重要な指標として**分子量分布**

がある。これらは，その高分子化合物がどのような分子量をもった分子集団で構成されているかを表すもので，その性質を評価する上で，そして実用的にも重要な値である。

平均分子量を表わす方法の一つとして，分子 1 個あたりの平均の分子量，いわゆる“平均値”としての**数平均分子量**（M_n）がある。これは，それぞれの分子のモル分率（分子の数の割合）とその分子量とを掛け合わせたものの総量として計算される[*21]。

しかし，高分子試料（分子集団）中のある分子が占める割合（体積，重量）は，分子量が大きいものほど大きく，したがって，大きな分子ほどその性質により大きく寄与しうる（図 11-18）。簡単にいえば，小さな分子も大きな分子も 1 つの分子として同じに扱う数平均分子量では十分に高分子の性質を反映するとはいえない場合がある。この点を考慮した値として，**重量平均分子量**（M_w）とよばれるものがある。それぞれの分子が試料中で占める重量比（重量分率）とその分子量とを掛け合わせたものの総量として計算される[*22]。

*21　数平均分子量 M_n

$$n_i = N_i / \Sigma_{i=1}^{q} N_i$$
$$M_n = \Sigma_{i=1}^{q} n_i M_i$$

*22　重量平均分子量 M_w

$$w_i = N_i M_i / \Sigma_{i=1}^{q} N_i M_i$$
$$M_w = \Sigma_{i=1}^{q} w_i M_i$$

ここで，分子量の異なる成分 $i = 1, 2, 3, \cdots q$ からなるポリマーについて，M_i を成分 i の分子量，N_i を成分 i の分子数とする。n_i は成分 i のモル分率，w_i は成分 i の重量分率を表す。

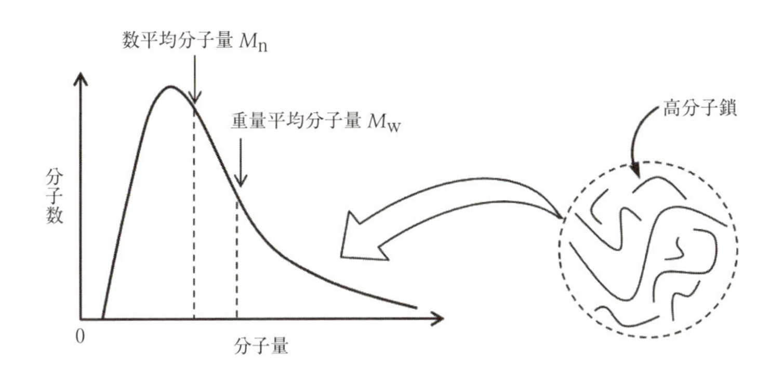

図 11-18　分子量分布曲線と平均分子量

図 11-18 のグラフは，ある高分子試料を構成している分子の分子量とその分子数の分布を表したものである。数平均分子量と重量平均分子量の関係は，

$$M_w \geqq M_n$$
$$M_w / M_n \geqq 1$$

となる。両者が等しく（あるいは $M_w / M_n = 1$ と）なるのは，分子量に分布のない均一なポリマー，たとえばタンパク質のような生体高分子の場合のみである。分子量の分布の広さの度合いを示す指標として，M_w / M_n 値が使われる。分布が広いほど，この値は 1 より大きくなり，分布が狭ければ狭いほど 1 に近づく。高分子化合物の分子量を記述するには，その平均分子量の値と分子量分布の値（M_w / M_n）を組み合

わせて記述するのが一般的である。

11-9　高分子のかたちを考える

11-9-1　ポリエチレンにもいろいろある

ポリエチレンは最も多く生産され[*23]，私たちの身の周りでよく見かける高分子化合物である。たとえば，台所などで使う食品用の包装ラップや透明なポリ袋（ビニール袋と呼ぶことも多い），レジ袋からバケツや水道管に至るまで，これらの多くがポリエチレン製である。しかし，透明で柔らかくひっぱると簡単に破れてしまうポリ袋，白くてひっぱっても簡単には切れないレジ袋など，多様な製品をどうやって“同じポリエチレン”で作り分けるのだろうか。このことを理解するためには，ポリエチレンの本当の姿を知る必要がある。

ポリエチレンの化学構造式は，図 11-17 に示したように記述され，分子は長い1本の鎖状の形をしているように表されている。しかしポリエチレンの場合，実際には図 11-20 に示されるように，いくつもの枝分かれ部分（**分岐構造**）をもった複雑な形をしている。もちろん，①，②の分子ともにエチレンの重合により得られるものである。これらの構造を化学構造式で正確に書き表すことはできないのである。

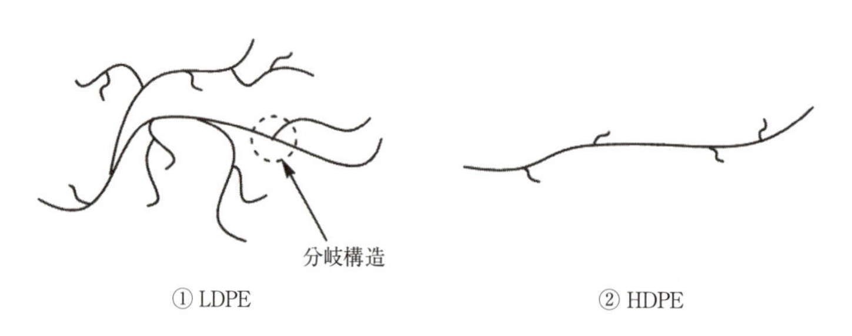

図 11-20　ポリエチレンの構造

エチレンの重合法の1つに，高温・高圧下で行う**高圧法**といわれる方法がある[*24]。この方法では副反応が頻繁に起こるため，分岐が生じやすく，①に示したような構造の高分子が得られる。もう1つの方法として，Zieglar–Natta（チーグラー ナッタ）触媒[*25]といわれる，たとえば四塩化チタン $TiCl_4$ とトリエチルアルミニウム $Al(CH_2CH_3)_3$ を組み合わせた触媒，を用いる重合法があり，高圧法に比べてはるかに低い気圧条件下で反応を行うことができるため，**低圧法**といわれる。この方法で得られる高分子には分岐構造（短鎖分岐）がわずかしかなく，②のような構造になる。

構造が大きく異なるため，両者は異なった性質を示す。①の高分子は多数の分岐をもつため密度が低くなり，**低密度ポリエチレン**（low density

＊23　四大汎用性樹脂（他にポリプロピレン，ポリ塩化ビニル，ポリスチレン）の1つで，日本で生産される合成高分子の20%以上を占める。

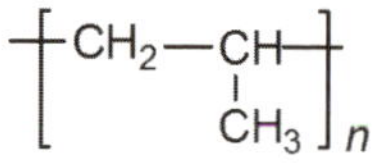

$$-\!\!\left[CH_2-\underset{CH_3}{CH}\right]\!\!-_n$$

ポリプロピレン

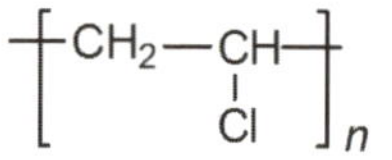

$$-\!\!\left[CH_2-\underset{Cl}{CH}\right]\!\!-_n$$

ポリ塩化ビニル

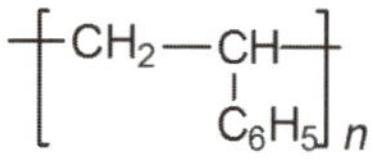

$$-\!\!\left[CH_2-\underset{C_6H_5}{CH}\right]\!\!-_n$$

ポリスチレン

図 11-19

＊24　**高圧法**
高温（200 ℃程度）・高圧（1,000 〜 3,000 atm）条件下でラジカル種［不対電子（2-2-3 参照）をもつ中性の化学種］が活性種となって重合が進行する。いわゆる「ラジカル重合」に分類される方法である。

＊25　Zieglar-Natta 触媒
K. Zieglar（チーグラー）（ドイツ）と G. Natta（ナッタ）（イタリア）によって見い出された触媒で，通常，$TiCl_4$ などの遷移金属化合物と $Al(CH_2CH_3)_3$ のような有機典型金属化合物を混合したものである。エチレン，プロピレン（$H_2C=CH(CH_3)$）などの炭化水素系のモノマーの重合に用いられる。両者は1963年にノーベル賞を受賞した（詳細は第6章の**「コラム／発展」**でも触れた）。

polyethylene, LDPE) とよばれる。一方，②の高分子は直線状であるため密度が高くなり，高密度ポリエチレン(high density polyethylene, HDPE) とよんで区別される。LDPE は，透明性，加工性，柔軟性に優れており，透明なポリ袋などになる。一方の HDPE は透明性はわるいが，機械的な強度が高いという特徴があり，白く不透明なレジ袋などになる。

もちろん，分子量も性質に大いに影響を与える。特別な Zieglar-Natta 触媒を用いてポリエチレンを合成することで，平均分子量が 100 万を超える**超高分子量ポリエチレン**（ultra high molecular weight polyethylene, UHMWPE）が作られる。優れた耐摩耗性をもち，ベルトコンベヤーのベルト，防弾チョッキ，さらには人工関節などにも応用される。

11-9-2　網目状の高分子

分岐のような高分子化合物の構造が性質に大きく影響することを学んだ。分岐がもっと複雑になり，枝どうしでお互いにつながりあうと，やがて分子は三次元の網目構造を作ることになる。このような構造の高分子を**網目状高分子**（網目ポリマー）という（図 11-21）。

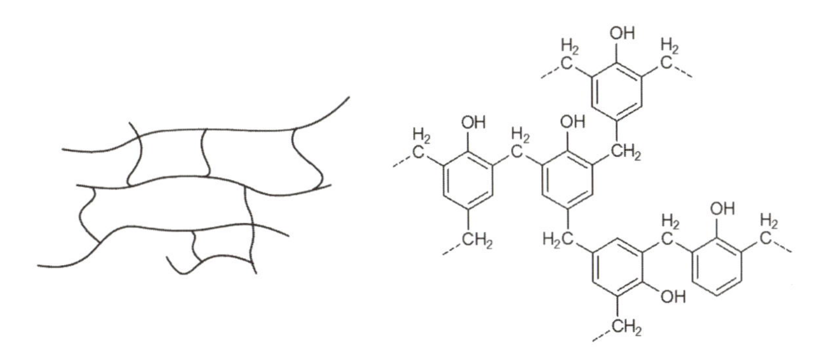

図 11-21　網目状高分子の構造とフェノール樹脂

網目状高分子の例として，フェノール樹脂やメラミン樹脂[*26] などがある。またゴムも網目状高分子の一種である。フェノール樹脂はベークライトとも呼ばれ，フェノール C_6H_5OH とホルムアルデヒド HCHO から作られる（図 11-21）。優れた機械特性，電気絶縁性，耐熱性をもつ最も古い合成樹脂であるにもかかわらず，電気・電子部品から接着剤，塗料まで，現在でも幅広く使用されている。

これらの高分子化合物は，もはや“鎖状の分子”ではなく，かたまり自体が 1 つの分子である。そのため，これらは不溶，不融，つまり，溶媒に溶けて溶液になることも，熱をかけて融解することもなく，高温に

＊26　**メラミン樹脂**
メラミン $C_3N_3(NH_2)_3$ とホルムアルデヒドから作られる。電気，機械部品のほか，表面硬度が高く，光沢があるため化粧板としてよく用いられる。フェノール樹脂の場合も同様であるが，合板用接着剤として使用される場合などに残留ホルムアルデヒドによるシックハウス症候群が問題となっている。

すると分解が起きる。

製品を作る際には，型に重合度の低い液状あるいは粉末状の原料を入れ，これを加熱することにより硬化させる。このことから網目状高分子は**熱硬化性樹脂**として分類される。これに対して，加熱すると軟らかくなり，冷えると再び硬くなるような性質をもつ合成樹脂を**熱可塑性樹脂**といい，樹脂を加熱することで成型加工できる。鎖状の高分子や分岐構造をもつ高分子がこれに当てはまる。

11-10　高分子が集合したかたち／結晶と非晶が共存する

これまでに高分子1個の分子の形（分子量も含めて）が，その性質に大きく影響することをみてきた。高分子の材料としての性質を考えるときには，多数の分子の集合体としての状態も重要である。そして，両者は無関係ではなく，高分子の分子の形がその集合体のかたちを決め，結果として材料としての特性を示すことになる。

高分子化合物は低分子と異なり，固体であっても特別な場合を除いて完全な結晶になるということはなく，結晶領域と非晶領域が存在する。このことは高分子化合物の特徴の1つでもある。結晶領域では高分子鎖が束状に並んだような状態をとり，密に重なり合っている。非晶領域では高分子鎖は秩序のないばらばらのまま固体になった，いわゆるアモルファスの状態（ガラス状態）をとる。この2種類の領域が混ざり合ったものを**結晶性高分子**といい，結晶領域を含まないものを**非晶性高分子**（無定形高分子）という（図11-22）。

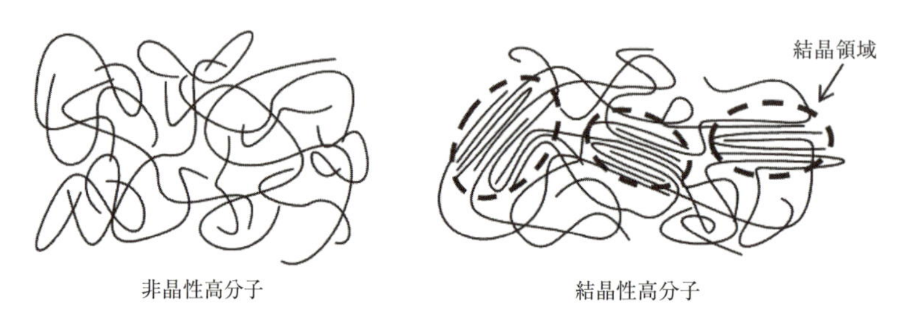

図11-22　非晶性高分子と結晶性高分子

結晶領域では高分子鎖が密に並んでいるため**分子間力**[*27]が強くはたらく。密度が高くなるのに加えて，機械的強度や薬品が入り込みにくくなって耐薬品性なども強まる。そして，結晶領域と非晶領域が共存しているため結晶領域で光が反射されることやそれぞれの領域で屈折率が異なることから不透明となる。

低密度ポリエチレンLDPEは多数の長短の分岐構造があるため，結

*27　極性分子（3-2-3節参照）間には電子の偏りによって生じた静電的な引力がはたらいている。また無極性分子であっても電子（電子雲）の"瞬間的なゆらぎ"によって生じた電荷の偏りによって分子間で引力がはたらく。このような分子間に働く弱い引力を**ファンデルワールス力**という。
そしてファンデルワールス力や水素結合（3-2-4節参照）など，分子間にはたらく比較的弱い力をまとめて分子間力という。

晶領域を作りにくく（結晶領域の割合が低く），一方の高密度ポリエチレン HDPE は直線状に近いことから結晶性が高くなる。この結晶領域の割合の違い[*28]が性質の違いに反映される。すでに学んだように，LDPE は文字通り，低密度で機械的強度に劣るが透明性は高い。一方，HDPE は高密度で機械的強度は高いが透明性は悪い。

*28　高分子全体における結晶領域の重量比を結晶化度という。

このように，結晶領域の割合の違いで，これらの高分子化合物の性質の違いが説明される。いいかえると，ポリエチレンの分岐構造の量や長さを調節することで結晶性を変化させられることになる。ポリエチレンの仲間に**直鎖状低密度ポリエチレン**（linear low density polyethylene, **LLDPE**）がある。この高分子はモノマーとしてエチレンと 1- オレフィンを混ぜて低圧法で重合することにより得られ，このようにすることで，直鎖状でありながら分岐を多く含む構造ができる[*29]。そのため結晶領域の割合は LDPE と HDPE の中間程度になり，したがって密度や透明性，機械的強度なども中間の性質を示す。

*29　ここでいう 1- オレフィンとは 1- ブテン $H_2C=CHCH_2CH_3$ などの末端に二重結合をもつ不飽和炭化水素のことで，このように2種類以上のモノマーを用いて行う重合のことを「共重合」という。LLDPE は以下のような構造をもつ高分子である（図 11-23）。図 11-20 と比較するとよい。

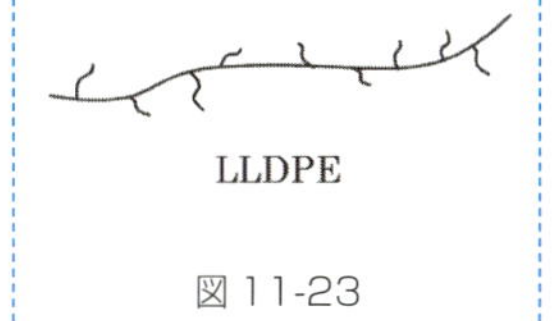

図 11-23

非晶性高分子の 1 つとして**ポリメタクリル酸メチル**[*30]がある。「有機ガラス」ともよばれ，最も高い透明性をもつ材料の 1 つである（図 11-24）。従来の強化ガラスに比べて，軽量で加工しやすく，優れた耐久性をもつことなどから，たとえば光ファイバーや水族館の巨大な水槽などはこの樹脂で作られている。

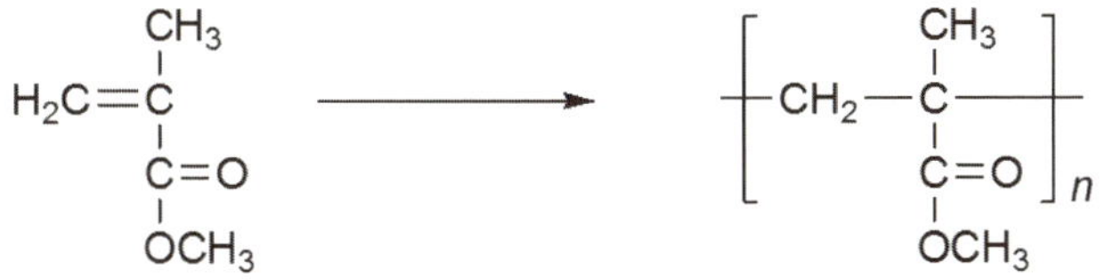

*30　ラジカル重合により製造される。

$$H_2C{=}C(CH_3)(C{=}O)OCH_3 \longrightarrow \left[CH_2{-}C(CH_3)(C{=}O)OCH_3 \right]_n$$

メタクリル酸メチル　　　　ポリメタクリル酸メチル

図 11-24　ポリメタクリル酸メチル “有機ガラス”

以上のように高分子の分子としての，そして集合体としての構造を理解することが，材料として性質や性能を知るうえで非常に重要である。

11-11　生分解される高分子

合成高分子はその腐らず・さびない性質が 1 つの特徴となって発展してきたが，毎年膨大な量の高分子が作られ廃棄されるようになってくると，逆にその性質が欠点として捉えられるようにもなってきた。これを解決するものとして**生分解性プラスチック**「自然界において微生物などの代謝により低分子化合物に分解され，最終的には二酸化炭素と水へと変換されるプラスチック」が登場した。従来のプラスチックにはない生分解されるという特徴をもった材料である。

化学合成による生分解性プラスチックの代表的なものとして脂肪族ポリエステル類がよく知られており，たとえば図 11-25 に示されるような高分子化合物がある[*31]。なお，モノマー単位がエステル結合 -COO- で結ばれて鎖を作っているものを総称してポリエステルとよぶ。**ポリ乳酸**（PLLA）は，トウモロコシなどから得られるデンプンを原料としてつくられる乳酸 HO-CH(CH_3)COOH をラクチドとよばれる化合物（環状二量体）に変換し，これを重合してつくられる。原料が天然物であるため，生分解性だけでなく石油由来のプラスチックの代替材料という意味からも重要である[*32]。食品トレーや農業用フィルムなどとして用いられている。ポリ（ブチレンサクシネート）（PBS）は 1,4- ブタンジオールとコハク酸からつくられる。これらのモノマーは石油由来であるが，バイオマス原料への転換も進められている。農業用フィルムや使い捨て食品容器などとして用いられる。

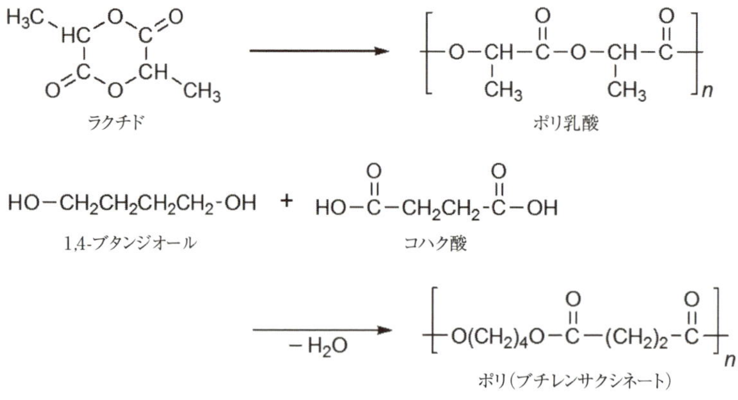

＊31　ポリ乳酸は開環重合，ポリ（ブチレンサクシネート）は**重縮合**とよばれる方法で作られる。重縮合とは分子内に2つ以上の官能基をもつモノマーを反応させ，水のような簡単な分子が取れて結合が次々と生じて高分子化合物ができる重合法である。

＊32　再生可能資源であるバイオマスを原料に燃料や化学製品を製造する技術のことをバイオリファイナリーという。

ラクチド → ポリ乳酸 $[-O-CH(CH_3)-C(=O)-O-CH(CH_3)-C(=O)-]_n$

$HO-CH_2CH_2CH_2CH_2-OH$ (1,4-ブタンジオール) + $HO-C(=O)-CH_2CH_2-C(=O)-OH$ (コハク酸)

$\xrightarrow{-H_2O}$ $[-O(CH_2)_4O-C(=O)-(CH_2)_2-C(=O)-]_n$ ポリ(ブチレンサクシネート)

図 11-25　生分解性プラスチックの例

いずれも環境にやさしい材料である一方，コストや耐久性などの課題があり，また現在使用されているすべてのプラスチックを生分解性プラスチックに置き換えることはできない。基本的には環境に負荷のかかる材料のリデュース（reduce），できる限り使わないことはもちろんのこと，リユース（reuse），繰り返し使用することやリサイクル（recycle），再び成型することが可能な場合は資源化して使用することなどを心がけていかなければならないことに変わりはない。

なお，石油由来のプラスチック類は次に示すような材質を表す識別マークが付けられて，分別・リサイクル処理がすすめられている。特に**ポリエチレンテレフタラート**（PET）は容器包装リサイクル法によりリサイクルが義務づけられている。

表 11-4　リサイクルマーク

識別番号	材　質	記　号	分子構造
1	ポリエチレンテレフタラート	PET	$\left[-\overset{O}{\overset{\|}{C}}-C_6H_4-\overset{O}{\overset{\|}{C}}-O-CH_2CH_2O-\right]_n$
2	高密度ポリエチレン	HDPE	$\left[-\underset{H}{\overset{H}{C}}-\underset{H}{\overset{H}{C}}-\right]_n$
3	ポリ塩化ビニル	PVC	$\left[-CH_2-\underset{Cl}{CH}-\right]_n$
4	低密度ポリエチレン	LDPE	$\left[-\underset{H}{\overset{H}{C}}-\underset{H}{\overset{H}{C}}-\right]_n$
5	ポリプロピレン	PP	$\left[-CH_2-\underset{CH_3}{CH}-\right]_n$
6	ポリスチレン	PS	$\left[-CH_2-\underset{C_6H_5}{CH}-\right]_n$
7	その他	OTHER	

「コラム／発展」

分子の世界では鏡の中の世界も現実に

炭素原子は正四面体の中心から各頂点の方向に伸びた４本の結合をもつ。このとき，結合している４つの原子または原子団がすべて異なると，そのもの（実像）と鏡に写った鏡像は重なり合うことのない別々の分子になる（図 11-26）*33。そして，このような炭素原子を不斉炭素原子といい，これらの分子の関係を鏡像異性体あるいは**光学異性体**という。

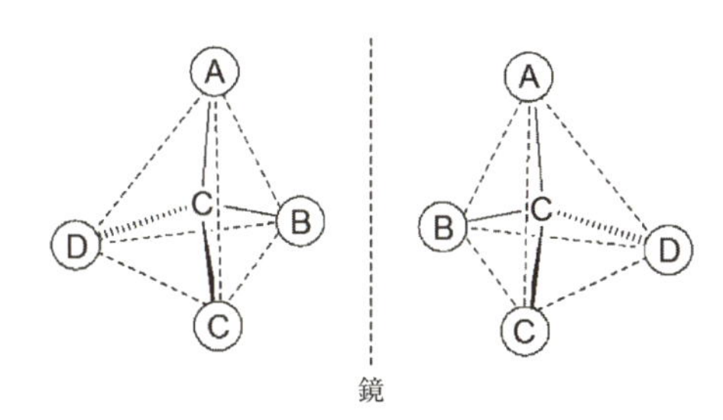

（A～D：異なった原子または原子団）

図 11-26　不斉炭素原子

＊33　くさび形の太線（▬）はこの紙面から前面に向かって伸びる結合を，くさび形の破線（┈）は紙面から奥側に向かって伸びる結合をあらわす。分子を立体的に表現する際に使用する。

これは，よく右手と左手の関係に例えられる。右手と左手はお互いに鏡に写った関係にあり，同じ形をしているようであるが，それぞれ区別できるものである。実際，マネキンの手の部分だけを見て，それが右手か左手なのかを判別できる。

光学異性体どうしの物理的・化学的性質（密度，融点，沸点，屈折率など）は同じである[*34]。しかし，生体に対する作用が異なることが知られている。

たとえば，グルタミン酸ナトリウムという化合物がある。不斉炭素原子（＊で示された炭素）をもち，光学異性体が存在する。このうち，L- グルタミン酸ナトリウム（天然型）は，味の素の主成分として私たちがよく口にする化合物である（図 11-27）。

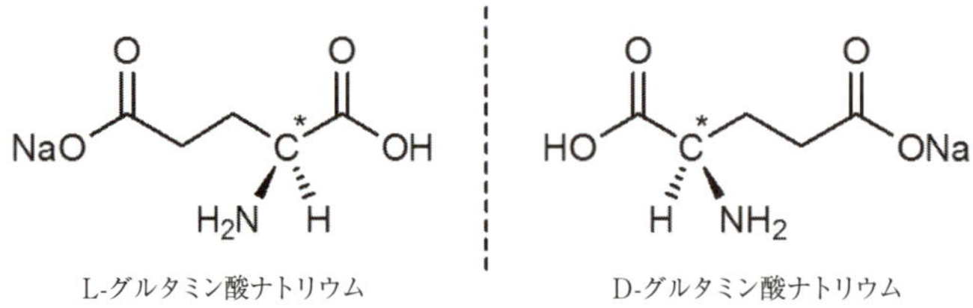

図 11-27　グルタミン酸ナトリウムの鏡像異性体

この物質は，1908 年に池田菊苗（東京帝国大学）により，昆布のうま味成分として発見されたもので，私たちがこれを食べるとおいしく感じる。一方，その光学異性体である D- グルタミン酸ナトリウム（非天然型）にうま味はない。鏡に写った形であるというだけで，私たちの体の中では全く異なった作用をする。

同じように，ℓ-メントールという化合物がある。ハッカの主成分であり，チューイングガムや飴，歯磨きなどによく使用されている。それらの成分表を見れば，この名前を目にすることができる。この化合物は不斉炭素原子を３つ含み（＊で示された炭素），したがって，鏡像異性体である *d*-メントールが存在する（図 11-28）。そして，ℓ-メントールでは *d*-メントールに比べて，私たちはにおいや清涼感を数倍から十数倍も強く感じるのである。

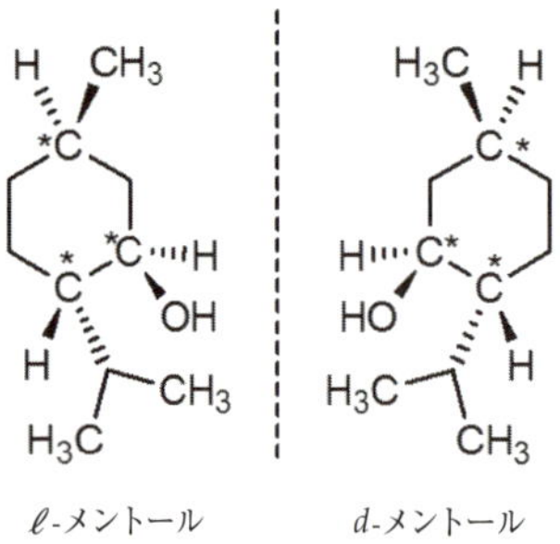

図 11-28　メントールの鏡像異性体

＊34　旋光性が異なる。旋光性とは，光学異性体の溶液に平面偏光＊を通過させるとき，右または左に回転させる性質で，その向きが異性体どうしで左右反対になる。何度（°）回転させるかを旋光度 α（実際には濃度を加味した比旋光度 $[\alpha]$）という値で表わし，時計回りのとき（+），反時計回りのとき（-）の符号をつける。

＊平面偏光とは通常の光は 360°すべての方向に振動する波の混合したものであるが，1つの方向にのみ振動した光を平面偏光という。

演習問題

1．次の分子を骨格構造式で書け。

(1)

$$\begin{array}{c} \text{(cyclopentane: } C_5H_{10}\text{, each C bearing two H)} \end{array}$$

(2) $CH_3CH_2CH_2\text{-}CH(CH_3)\text{—}CH_2CH_3$

(3) $(H_3C)_2C{=}CH{-}CH_2OH$

(4) $CH_3{-}C(=O){-}CH_2{-}C(=O){-}CH_3$

2．エタノールなどのアルコールの OH 基にくらべ，フェノール性 OH 基は弱酸性を示す。この理由をフェノールから水素イオン（H^+）がとれた共役塩基であるフェノキシドイオンの共鳴構造を書いて説明せよ。

フェノール　　フェノキシドイオン

3．(1) ポリ酢酸ビニルはガムベースなどとして使用されている高分子化合物で，酢酸ビニル（下図）から作られる。約 30 ℃と体温より少し低い温度で柔らかくなり（ガラス転移温度[*35]），硬かったガムを口に入れるとやわらかくなるのは温められてゴム状態になるためである。この樹脂の化学構造式を書け。

$H_2C{=}CH{-}O{-}C(=O){-}CH_3$　酢酸ビニル

(2) ブタジエン $H_2C{=}CH{-}CH{=}CH_2$ を重合して得られるポリブタジエン（butadiene rubber, BR）は，やわらかくて弾力が大きく，たとえば子供が遊ぶスーパーボールはポリブタジエンでつくられている。この樹脂の化学構造式を書け。

＊35　低分子化合物が融点で固体から液体に変化するように，ガラス状態の高分子鎖はある温度以上になると運動しはじめる。この温度のことをガラス転移温度（T_g）といい，T_g 以上の温度領域での状態のことをゴム状態という。

第12章　化学と環境

12-1　地球の大気

地球の大気はおもに窒素 N_2（78%）と酸素 O_2（21%）からなり，このことはすでに第1章で学んだ（図 1-2）。一方，同じ太陽系の惑星である金星と火星の大気はおもに二酸化炭素 CO_2 からなり，それぞれ97%（窒素 3%），95%（窒素 3%）の組成比をもつ。地球の大気環境とは全く異なることがわかる。

太陽系の誕生は約46億年前のことである。原始の地球の大気は同時に誕生した金星や火星の現在の大気と同じような組成であったと考えられる。しかし地球では，二酸化炭素はやがて誕生した原始の海に吸収されて，まずは減少した。約38億年前には海中に生命が誕生した。ただし，地表面では強い紫外線[*1]がふりそそぎ，生命は存在できなかったと考えられている。やがて海の中でラン藻類が発生し（約30億年前），**光合成**によって二酸化炭素と水からデンプンなどの糖類と酸素を生み出すようになった（式 12-1）。こうして二酸化炭素が消費され，発生した酸素はまず，海中の鉄イオン（Fe^{2+} など）と反応して酸化鉄（Fe_2O_3 など）を生成し[*2]，さらに発生し続けてやがて現在の大気組成になったと考えられている。

$$6\,CO_2 + 6\,H_2O \longrightarrow C_6H_{12}O_6 + 6\,O_2 \qquad (12\text{-}1)$$

大気中に酸素が蓄積されだすと成層圏[*3]では，酸素が紫外線（UV）を吸収して**オゾン** O_3 を発生するようになり，オゾン層が形成された。オゾン層では以下に示す反応により紫外線が吸収されてオゾンの生成と分解が起き，一定の濃度が保たれている（式 12-2，式 12-3）[*4]。これにより有害な紫外線の大部分がさえぎられるようになったため，地表では生物が陸上に生息域を広げられるようになったのである。

オゾンの生成　$O_2 \xrightarrow{UV} O + O$

$$O_2 + O \longrightarrow O_3 \qquad (12\text{-}2)$$

*1　紫外線はおよそ10～380 nm，可視光は380～780 nm，赤外線は780 nm～1 mmの波長の光を指す。

*2　海の中で沈殿した鉄の酸化物は，縞状鉄鋼床（しまじょうてっこうしょう）とよばれる鉄鉱石（赤茶色の縞模様の鉄鉱石）になったと考えられている。つまり，縞状鉄鋼床は酸素が作り出されたことを示す証拠の1つであると考えられている。

*3　地上15 kmくらいまでを対流圏といい，大気全体の約80%はこの領域に存在する。その上空50 kmくらいまでを成層圏，さらに80 km位までを中間圏という。この領域までは地上とほぼ同様の大気組成をもつ。そのさらに上空に熱圏とよばれる領域があり，宇宙へと繋がっている。熱圏の成分はほとんどが酸素である。

*4　オゾン層のオゾン濃度は約 3×10^{-4}%（体積パーセント）である。

オゾンの分解　$O_3 \xrightarrow{UV} O_2 + O$

$$O_3 + O \longrightarrow 2\,O_2 \quad (12\text{-}3)$$

12-2 フロン

12-2-1　フロンとは

フロンとはクロロフルオロカーボン（CFC 類）を指し，たとえば CFC-11，CFC-12，CFC-113（図 12-1）のような化合物のことをいう[*5]。これらの化合物は人類が合成した自然界には存在しないもので，毒性がほとんどなく，不燃性，化学的安定性，電気絶縁性をもち，特に，蒸発，液化しやすい性質から冷媒，発泡剤，半導体など精密部品の洗浄剤，スプレーの噴射剤などとして，1960 年代以降，先進国を中心に膨大な量が生産・消費された。また HCFC-22 や HCFC-142b（図 12-1）のようなハイドロクロロフルオロカーボン（HCFC 類），HFC-23 や HFC-134a（図 12-1）のようなハイドロフルオロカーボン（HFC 類）を含めたフルオロカーボン類を総称して，フロンという場合もある。

＊5　名称中の数字（CFC-xyz の x，y，z）はそれぞれ，
x ＝（炭素原子の数）－1
y ＝（水素原子の数）＋1
z ＝（フッ素原子の数）
をさす。ただし，炭素原子が 1 つの場合，x は省略される。

```
     F            F            Cl  Cl
     |            |            |   |
Cl — C — Cl   F — C — Cl   F — C — C — F
     |            |            |   |
     Cl           Cl           F   Cl
   CFC-11       CFC-12        CFC-113

     H            F   H
     |            |   |
 F — C — Cl   F — C — C — H
     |            |   |
     F            Cl  H
  HCFC-22       HCFC-142b

     H            H   F
     |            |   |
 F — C — F    H — C — C — F
     |            |   |
     F            F   F
   HFC-23       HFC-134a
```

図 12-1　CFC，HCFC，HFC の構造

長所は裏返してみれば短所にもなる。大気中に大量に廃棄されたフロン[*6]はその高い安定性ゆえにそのまま分解されることなく大気中にとどまり，長い年月をかけて成層圏に達し，そこで紫外線を吸収してオゾ

＊6　2,000 万 t 以上が生産され，その約 90%が大気中に放出された。

ン層を破壊する[*7]。そのメカニズムは以下の通りである（式 12-4）。紫外線を吸収することにより発生した塩素原子 Cl（塩素ラジカル）はオゾンと反応してオゾンを分解する。そして塩素原子はこの過程の中で再生され，結果として触媒的にオゾンを破壊するのである。塩素原子 1 個で 1 万個以上のオゾン分子を分解するといわれている。

*7　1974 年に F. S. Rowland（ローランド）らにより，フロンによるオゾン層の破壊が警告された。ローランドらは 1995 年にノーベル化学賞を受賞した。

$$\left.\begin{array}{l} CFCl_3 \xrightarrow{UV} CFCl_2 + Cl \\ Cl + O_3 \longrightarrow ClO + O_2 \\ ClO + O \longrightarrow O_2 + Cl \end{array}\right\} \quad (12\text{-}4)$$

オゾンの破壊は，その物質が塩素原子を含むことが要因の 1 つになっているため，CFC 類から HCFC 類，さらに HFC 類へと代替化が進んできたという経緯がある。そしてオゾン層を破壊する特定の種類のフロン（CFC-11，CFC-12，CFC-113 などで特に「特定フロン」と呼ばれる）などの物質が「ウィーン条約」，そしてこれに基づいて定められた**モントリオール議定書**により生産・排出が国際的に規制されるにいたった[*8]。特に先進国では特定フロン等は 1995 年までにすでに全廃になっている。また，HCFC についてもオゾン層を破壊する力は CFC に比べて弱いものの[*9]，2020 年までの全廃（先進国）が予定されている。

*8　1985 年「オゾン層保護のためのウィーン条約」，1987 年「オゾン層を破壊する物質に関するモントリオール議定書」。日本ではこれに基づき，「特定物質の規制等よるオゾン層の保護に関する法律（オゾン層保護法）」が制定された。
規制物質としては特定フロンのほか，消火剤などとして用いられるハロン［炭素に塩素，臭素，フッ素が置換した CF_2BrCl（ハロン 1211）などの物質］，洗浄剤などとして用いられる 1,1,1- トリクロロエタン（CH_3CCl_3），溶剤などとして用いられる四塩化炭素（CCl_4）などがある。

*9　CFC-11 のオゾン層破壊力の数 % 程度の大きさ。

12-2-2　オゾンホールの現状

南極上空ではオゾン濃度が減少し続けて，**オゾンホール**と呼ばれるオゾンの希薄なまるで穴のあいたような領域があることが発見され，実際にオゾン層の破壊が確認された。1985 年のことである。

オゾンホールの大きさは 1990 年代までは上昇を続け，南極大陸の大きさの 2 倍を超えるまでになったが，以降はピークを過ぎて緩やかな減少傾向にあるとみられている（図 12-2）。2016 年は 2,270 万 km^2（南極大陸の 1.6 倍）と観測されている。減少傾向にあるとはいえ，依然として大規模なオゾン層の破壊が起きていることに変わりはない。

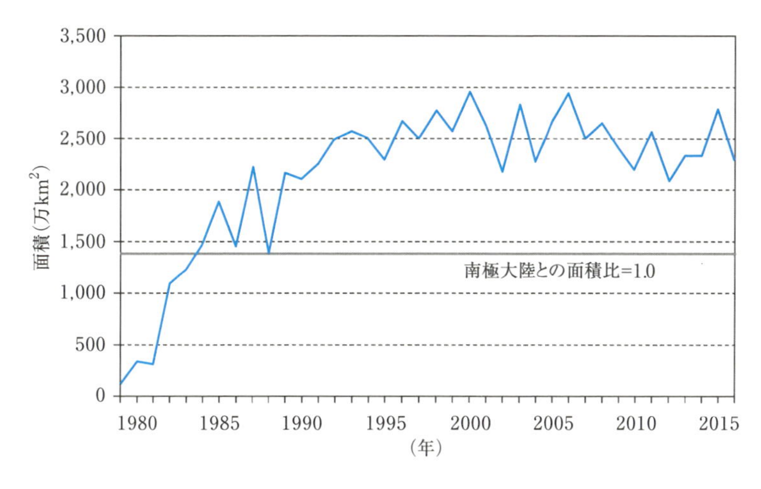

図 12-2　南極オゾンホールの年最大面積の推移
（米国航空宇宙局 NASA のデータをもとに気象庁が作成）

特定フロン等の規制・全廃により，それらの大気中の濃度も緩やかではあるが，減少傾向にある。たとえば，日本における CFC-11 の大気中の濃度は 1993 ～ 1994 年の約 270ppt をピークにしてその後減少傾向にあり，現在（2016 年），およそ 240ppt 程度と観測されている*10。世界における濃度の推移も同様の傾向にある。一方，HCFC-22 や HFC134a などは代替フロンとして現在も生産・使用されており，そのため，それらの濃度については増加が続いているというのが現状である。

*10　気象庁（観測点：綾里）による。
ppm，ppb，ppt については 5-4-1 節参照。

12-3　二酸化炭素

12-3-1　二酸化炭素の性質

二酸化炭素 CO_2 の構造は直線型*11 であり，したがって O—C—O 結合角は 180°，また C=O の結合距離は 0.116 nm（1.16×10^{-10} m）である（図 12-3）。このように書くと分子は硬いもののようにイメージされるかもしれないが，分子は絶えず運動してその形は変化している。たとえば C=O 結合は伸びたり縮んだり（伸縮振動）していて，結合距離 0.116 nm はその平均値である。結合角も同様に変化（変角振動など）しており，やはり結合角 180° は平均値であると考えてよい。分子がこのような振動運動をするには当然エネルギーが必要である。

*11　1-3-3 節参照。

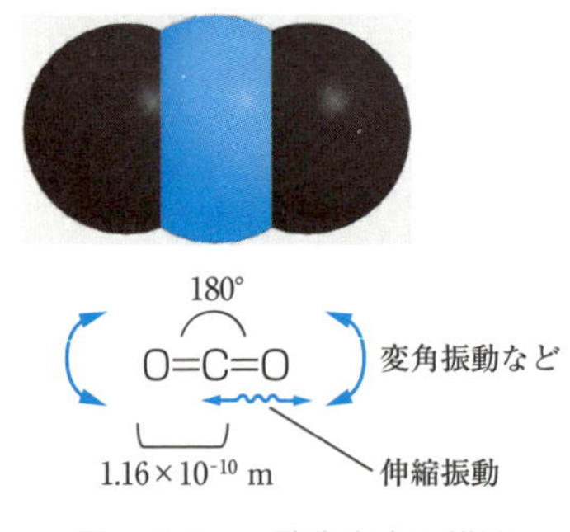

図 12-3　二酸化炭素の構造

光とエネルギーの関係は以下の式で示される（式 12-5）。式は短い波長の光ほどエネルギーが大きいことを示す。たとえば紫外線は可視光や赤外線に比べて波長が短いので，より大きなエネルギーをもっている。したがって，フロンや酸素 O_2，オゾン O_3 の結合を切って分解したり，人体に悪影響を与えたりするのである。それに比べると赤外線は波長が長く，結合を切るほどのエネルギーはもたないが，その大きさはちょうど結合の伸縮や変角振動の運動のエネルギーの大きさに相当している。

$$E = h\nu = h\frac{c}{\lambda} \qquad (12\text{-}5)$$

E　エネルギー（J）

h　プランク定数（6.626×10^{-34} J·s）[*12]

ν（ニュー）　光の振動数（s^{-1}）

c　光の速度（2.998×10^{8} m/s）

λ　波長（m）

＊12　2-2-1 節参照。

二酸化炭素は赤外線を吸収する。大切なことはどのようなエネルギーをもった光でもいいというのではなく，振動運動のエネルギーの大きさに相当する光を吸収するということである。二酸化炭素をはじめとする**温室効果ガス**といわれる物質はいずれもそれぞれの物質の振動運動のエネルギーに相当する赤外線を吸収する。そしてこの運動エネルギーはやがて熱エネルギーへと変化し，大気を暖めることになる[*13]。一方，アルゴン Ar などの単原子分子や同じ元素からなる２原子分子（窒素 N_2 や酸素 O_2 など），3原子分子（オゾン O_3 など）は赤外線を吸収しない。こうしたことから，温室効果ガスの増加は地球温暖化につながると考えられているのである。

＊13　地表面に届いた太陽光線は赤外線として放射される。この赤外線を吸収する気体を温室効果ガスという。赤外線の一部は温室効果ガスに吸収され，他は宇宙空間へと放出される。結果としてエネルギーのバランスが保たれ，本来は大気の温度は適度に保たれることになる。

12-3-2　地球温暖化

最近，日本での観測地点すべてで二酸化炭素濃度の年平均値（2015 年）が初めて 400 ppm を超えたことが発表された[*14]。二酸化炭素の濃度は 18 世紀半ばまでは 280 ppm 程度であったが，産業革命以降，つまり人間の活動により増加しはじめ，特にここ数十年は急速に増加している。実際，ここ 30 年間で 50 ppm 以上，そして産業革命以前と比べるとおよそ 1.5 倍にまで増加した（図 12-4）。

＊14　気象庁による。人間の活動による影響を最も受けにくい南鳥島の観測点でも 401.9 ppm を観測。他の観測地点では 2014 年にすでに 400 ppm を上回っていた。

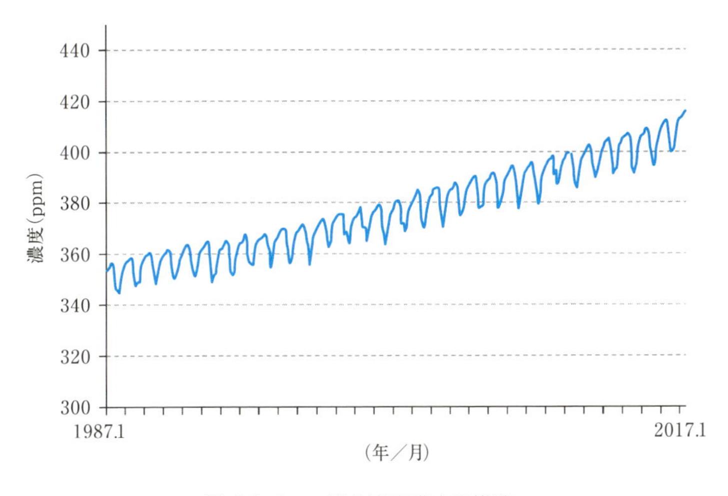

図 12-4　二酸化炭素濃度の推移
［気象庁：綾里での月間平均値（速報値を含む）］

たとえば，ガソリンの主成分の 1 つであるヘキサン（分子量 86）[*15] を燃やすと，次の式 12-6 により 86 g のヘキサンから 264 g の二酸化炭素 CO_2（分子量 44）が発生することがわかる。つまり化石燃料の燃焼により，その使用量のざっと 3 倍の重さの二酸化炭素が排出されるのである。

＊15　11-2 節参照。

$$2\,C_6H_{14} + 19\,O_2 \longrightarrow 12\,CO_2 + 14\,H_2O \qquad (12\text{-}6)$$

$$(86\ \mathrm{g}) \qquad \left(44 \times \frac{12}{2}\ \mathrm{g} = 264\ \mathrm{g}\right)$$

地球温暖化に寄与する温室効果ガスは二酸化炭素だけではない。メタン CH_4 や一酸化二窒素 N_2O はもともと自然界に存在するものであるが[*16]，二酸化炭素と同様に 18 世紀半ば以降，増加している。これは主に人口増にともなう窒素肥料の使用の増加や家畜の増加などによるも

＊16　これらの物質は沼地や湖沼での微生物の活動や牛などの腸での発酵作用などによって発生する。

のと考えられている。また，前出のHCFC，HFCを含めたフロン類も温室効果ガスであり，これらは完全に人為的な活動の産物である。しかも，これらの物質の地球を温暖化する力は二酸化炭素に比べてはるかに大きい[*17]。

二酸化炭素は大気中への排出量が他の温室効果ガスに比べて非常に大きいため，結果として最も影響力が大きい物質であり，地球温暖化といえば，まずは二酸化炭素が挙げられるのである。一方，フロン類はたとえ大気中への排出量が小さくても温暖化に寄与する力は大きい。しかも，前述のように大気中のHCFC，HFC類の濃度は現在も増加を続けているという状況である。

実際に，日本の平均気温は1898年以降，100年あたり約1.1℃の割合で上昇しているとのことである。また，世界でも100年あたり0.72℃の割合で上昇しており，2016年の世界の年平均気温は1891年の統計開始以降，最高値を記録した[*18]。

こうしたことから二酸化炭素，HFC類などの温室効果ガスについて，**京都議定書**[*19]により先進国の削減目標値が定められたり，その後**パリ協定**[*20]による地球温暖化防止に向けた対策の国際的な取り決めがなされるなど，世界的な努力が続けられている。

*17　**地球温暖化指数**
二酸化炭素を基準にして，どれだけ温暖化する能力があるかを表した指標。

表12-1　温室効果ガスと地球温暖化指数

温室効果ガス	地球温暖化指数GWP
二酸化炭素 CO_2	1
メタン CH_4	23
一酸化二窒素 N_2O	296
HFC-23	11700
HFC-134a	1300

*18　気象庁による。また，日本の平均気温の上昇率が高いのは北半球に位置しているため。

*19　1997年に京都で開催された「第3回気候変動枠組条約締約国会議（COP3）」で採択された。先進国全体で温室効果ガスを2008年から2012年の間に1990年比で約5%削減することを目標とした。

*20　2015年にパリで開催された「COP21」で採択された。「京都議定書」に代わる2020年以降の地球温暖化対策の国際的枠組みを取り決めた協定。

12-4　PCB・ダイオキシン

12-4-1　PCBとは

合成高分子がその腐らないという特性ゆえに環境中に廃棄されたプラスチックごみが社会問題となり（第11章参照），フロン類もその高い安定性ゆえにオゾン層破壊を引き起こす原因物質となるなど（12-2節参照），人類が作り出した化学物質が時として私たちの生活を脅かすことがある。

ポリクロロビフェニル（**PCB**）（図12-5）もまさにそういった一群の化学物質である。PCBは耐熱性，耐薬品性などの高い安定性や電気絶縁性に優れており，かつては変圧器，高圧コンデンサなどの電気機器の絶縁油，熱交換機の熱媒体や溶剤などとして大量に製造・使用されていた。

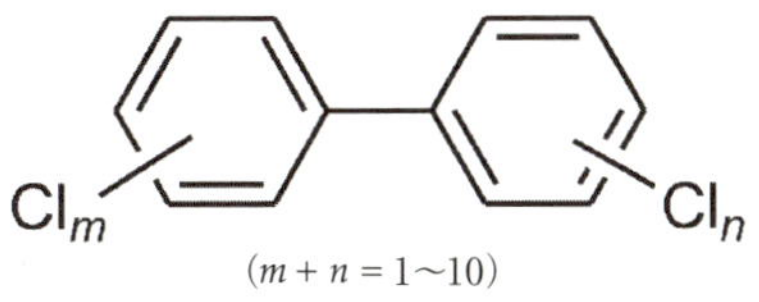

Cl_m　Cl_n

$(m + n = 1 \sim 10)$

図 12-5　PCB の構造
［ベンゼン環上に（$m + n =$）1 ～ 10 個の塩素原子 Cl が置換した構造からなる。置換した塩素の数や位置が異なる 209 種類の異性体が存在する。］

食用米ぬか油に製造過程で熱媒体として用いられていた PCB が混入した事件［カネミ油症事件（1968 年）］は有名であり，人体に対する有害性が社会問題となった[*21]。また環境中に排出されると，その安定性ゆえに分解されにくく，しかも有機物に溶けやすい性質（脂溶性）のために生体内に蓄積されやすい。実際に世界各地で魚類などの生物から PCB が検出されている[*22]。こうしたことにより日本では 1972 年には製造が禁止されている。

現在，廃 PCB などは廃棄物処理法の特別管理産業廃棄物として規定され，その収集から最終処分までが厳重な管理下で実施されている[*23]。

*21　実際の原因物質は PCB に含まれていたダイオキシン（後述）の一種であると考えられている。

*22　生態系の中で食物連鎖により次第に濃縮が進んでいくことを「生物濃縮」という。

*23　主に化学分解処理が行われている。たとえばアルカリ剤と反応させることにより，塩素原子を水素原子などに置き換える脱塩素化分解処理などがある。

12-4-2　ダイオキシンとは

ダイオキシンとは図 12-6 に示すように 3 種類の構造［ポリクロロジベンゾパラジオキシン（PCDD），コプラナー PCB（Co-PCB）[*24]，ポリクロロジベンゾフラン（PCDF）］の化合物群の総称である。塩素原子 Cl の数とその位置の違いにより多数の異性体が存在する。

*24　コプラナーとは扁平（共平面状構造）の意味である。

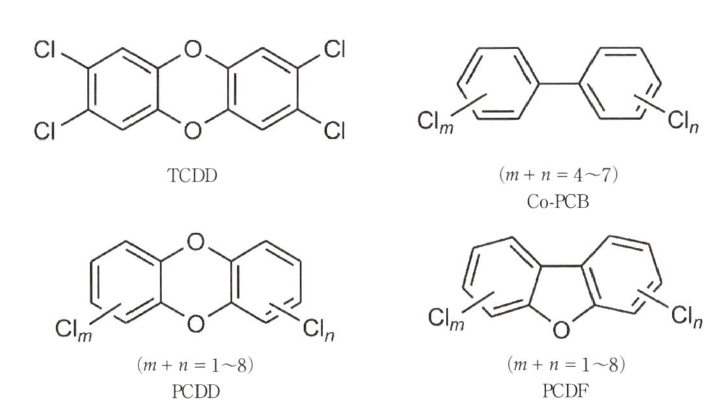

図 12-6　ダイオキシン類の構造
［それぞれベンゼン環上に（$m + n$）個の塩素原子 Cl が置換した構造からなる。］

PCB は前出のように意図して製造されたものであるが，ダイオキシン類の大部分は意図して作られたわけではない。農薬の製造における副生成物として，たとえばベトナム戦争（1964 ～ 1975 年）で使用された枯葉剤は除草剤の一種であるが，その中に不純物として含まれていたり，あるいはゴミの焼却時における生成などが主な発生源である。

PCB と類似した構造であることからわかるように，ダイオキシンも化学的に安定で，かつ脂溶性であるため，体内に蓄積されやすい。発癌性や催奇形性などの高い毒性があり，内分泌かく乱物質[*25]として生殖機能障害を起こす可能性なども指摘されている。毒性の強さは，その構造により異なり，中でも 2,3,7,8- テトラクロロジベンゾパラジオキシン（2,3,7,8-TCDD）（図 12-6）は最も強い毒性をもつ。したがってダイオキシンの毒性はこの 2,3,7,8-TCDD の毒性を基準とした相対毒性，2,3,7,8-TCDD 毒性等価換算量（TEQ）として表される。たとえばダイオキシンの耐容一日摂取量（TDI）は 1 人 1 日当たり 4 pg-TEQ/kg/ 日とされている[*26]。

こうしたことから特にダイオキシン類については維持されることが望ましい基準「環境基準」（第 8 章「**コラム／発展**」参照）が大気，水質，土壌について定められている。たとえば大気における環境基準は年平均，0.6 pg-TEQ/m^3 以下，水質については年平均，1 pg-TEQ/L 以下となっている。また，「ダイオキシン類特別措置法」により，排ガス・排水に対する排出基準値が規定されている。

*25　**環境ホルモン**ともいわれ，環境中に存在して，動物の体内に取り込まれてホルモンの働きに影響を与える物質。

*26　TDI（Tolerable Daily Intake）とは人が摂取しても健康に影響がない，1 日あたりの摂取量をいい，1 人 1 日，体重 1 kg 当たり，2,3,7,8-TCDD に換算して 4 pg（ピコグラム，10^{-12} g）まで摂取してもいいということになる。

「コラム／発展」

二酸化炭素濃度はどのようにして測るのか：赤外線ガス分析計

大気中の二酸化炭素濃度を測る方法として赤外線ガス分析計［非分散型赤外線濃度計（NDIR[*27]）］が一般的に用いられる。この装置の概略は以下の通りである（図 12-7）。

*27　Non-dispersive Infrared の略称

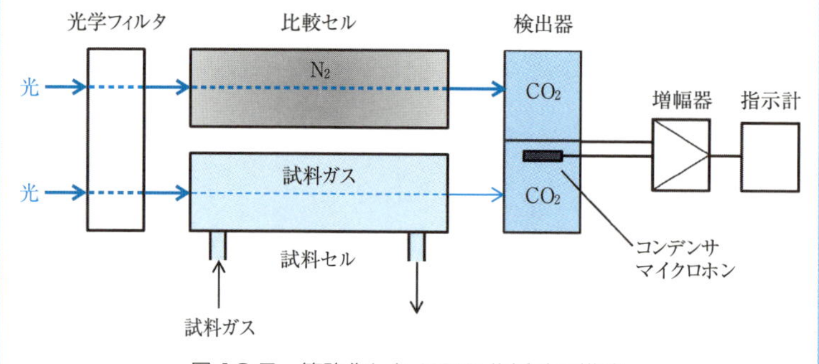

図 12-7　簡略化した NDIR 分析計の構造

光源から出た 2 本の光（赤外線）は，それぞれ比較セル，試料セルを通り抜けて検出器に入る。比較セルには通常，赤外線に不活性な窒素が入れられている。前述のように窒素は赤外線を吸収しない（12-3-1 節参照）。

一方の試料セルには測定対象のガス（大気）が連続的に流されており，赤外線がこのセルを通り抜ける際，測定ガスに含まれている二酸化炭素はその濃度に応じた分だけ特定の赤外線を吸収する。したがって検出器には，光源から出たそのままの赤外線と，二酸化炭素の濃度に応じて強度が減少した赤外線が入ることになる。

検出器内にはそれぞれ二酸化炭素が封入されている。そして，それぞれの間は弾力性のある金属板で仕切られている。比較セルを通過した光源から出た“そのままの”赤外線は，閉じ込められている二酸化炭素により吸収され，それによって二酸化炭素は加熱・膨張する。一方，試料セルを通過した赤外線は試料ガス中の二酸化炭素濃度に応じて強度が減少しているため，検出器内の二酸化炭素を加熱・膨張させる力はその分だけ弱くなる。こうして仕切りの金属板はそれぞれの二酸化炭素ガスの膨張の度合いによりたわむ割合が変化する。この割合を検出する[*28]ことにより濃度を測定するのである。

二酸化炭素濃度の測定の仕組みは，まさに地球温暖化のメカニズムと同じなのである。

＊28　この検出器のことをコンデンサマイクロホンという。

演習問題

1．次のフロン類の化学式に対して“CFC-11”のように呼称をつけよ。

（1）

```
  Cl Cl
  |  |
F-C--C-F
  |  |
  F  F
```

（2）

```
  Cl F
  |  |
F-C--C-F
  |  |
  F  F
```

（3）

```
   H  F
   |  |
Cl-C--C-F
   |  |
   Cl F
```

2．塩素が2個置換したPCB（ジクロロビフェニル）の異性体は全部でいくつあるか考えよ。

演習問題解答

第1章

1．(a) 酸素 O　(b) 水素 H　(c) 塩素 Cl　(d) ナトリウム Na

2．(1) 混合物　(2) 化合物　(3) 混合物　(4) 単体　(5) 化合物

3．(1) 物理変化　(2) 化学変化　(3) 化学変化　(4) 物理変化

(5) 化学変化（発泡入浴剤の主成分 $NaHCO_3$）

第2章

1．

	陽子	中性子	電子
(1)	1	0	1
(2)	6	7	6
(3)	17	18	17
(4)	17	18	18
(5)	1	0	0

(4) 塩化物イオン Cl^- は電気的に中性の Cl 原子に電子 1 個を取り込ませたものなので，電子数は 18 個（17 + 1 = 18）。(5) 水素イオン H^+ は電気的に中性の H 原子から電子を 1 個取り去ったものなので，電子数は 0 個（1 − 1 = 0）

2．ホウ素の原子量：10.8　（ホウ素の原子量 = 10.0 × 0.199 + 11.0 × 0.801 = 10.801）

3．16 個

$n = 4$ の電子殻には $\ell = n - 1$ までの副殻が存在する。つまり $\ell = 0$（s 軌道），1（p 軌道），2（d 軌道），3（f 軌道）の４種類の副殻がある。それぞれの副殻は，$2\ell + 1$ 個ずつのエネルギーが同じ軌道をもつので，s 軌道は１つ（2 × 0 + 1 = 1），p 軌道は３つ（2 × 1 + 1 = 3），d 軌道は５つ（2 × 2 + 1 = 5），f 軌道は７つ（2 × 3 + 1 = 7）存在している。そこで総軌道数はすべてを足して，16 個になる。各電子殻の総軌道数は主量子数 n から n^2 で求めることもできる。

4．(1) $1s^22s^22p^63s^23p^2$　(2) $1s^22s^22p^6$　(3) $1s^22s^22p^63s^23p^64s^1$

(4) $1s^22s^22p^63s^23p^63d^24s^2$　(5) $1s^22s^22p^63s^23p^63d^{10}4s^24p^3$

5．図 2-14 参照のこと。

第3章

1．最外殻の電子配置が ns^2（s 軌道に電子が２個入った状態）なので，この２個の電子を放出することで最外殻が閉殻構造で安定な希ガスの電子配置となるから。

2．ヘリウムの電子配置は s^2 だが，それ以外の 18 族の原子の最外殻の電子配値は ns^2np^6 となって閉殻して最も安定な状態である。そのためこの電子配置から電子を放出して陽イオンになっても，取り込んで陰イオンになってもエネルギー的に不安定になるため，変化しない。

3．（1）Mg^{2+}　$1s^22s^22p^6$　（2）Cl^-　$1s^22s^22p^63s^23p^6$　（3）K^+　$1s^22s^22p^63s^23p^6$
（4）Co^{2+}　$1s^22s^22p^63s^23p^63d^7$　（5）Cr^{3+}　$1s^22s^22p^63s^23p^63d^3$

4．フッ化水素 HF の分子間に水素結合があるから。

第4章

1．（1）:Br:Br:　（2）H:N:H（下に H）　（3）H:O:H　（4）:O::O:O:　（5）:C:::O:

2．高電子密度領域は非共有電子対と共有電子対の２種類があり，最も反発が大きいのは非共有電子対どうし，続いて非共有電子対と共有電子対の反発，最も反発が小さいのは共有電子対どうしの反発である。メタン CH_4 の場合，４箇所の高電子密度領域が全て共有電子対のために等しく反発して H—C—H 結合角は 109.5° を示す。アンモニア NH_3 の場合，３箇所の共有電子対と１箇所の非共有電子対で構成されているために共有電子対どうしの反発が抑えられて H—N—H 結合角はメタン CH_4 よりも小さな 106.7° を示す。水 H_2O の場合２箇所の共有電子対と２箇所の非共有電子対で構成されているために，さらに共有電子対どうしの反発が抑えられて H—O—H 結合角は最も小さな 104.5° を示す（4-3-2 節，図 4-4 参照のこと）。

3．
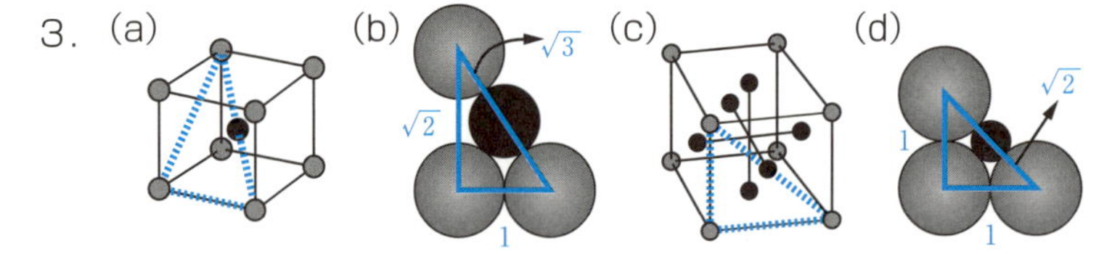

上図における灰色の球は陰イオン，黒色の球は陽イオンを表す。

（a）図は塩化セシウム CsCl 型のイオン配置を表しており，青色の破線で示された直角三角形を取り出して表記したのが（b）図に相当する。（b）図のように直角三角形の斜辺で陰イオンと陽イオンが接触し，また陰イオンどうしも接触している状態の陽イオンと陰イオンの半径比が限界イオン半径比に相当する。（b）図の直角三角形は（a）図の立方体の断面図に相当するので三辺の長さの比は $1:\sqrt{2}:\sqrt{3}$ である。斜面は陰イオン半径（r_X）の２個分と陽イオン半径（r_M）の２個分を足し合わせた長さに相当し，一番短い辺は陰イオン半径（r_X）の２個分に相当する。そのため下式が成立し，限界イオン半径比 0.732 が求められる。

$$1:\sqrt{3} = 2r_X : (2r_X + 2r_M) \qquad r_M/r_X = \sqrt{3} - 1 = 0.732$$

（c）図は塩化ナトリウム NaCl 型のイオン配置を表し，青色の破線で示された直角三角形を取り出して表記したのが（d）図に相当する。塩化セシウム型の場合と同様に（c）図のように直角三角形の斜辺で陰イオンと陽イオンが接触し，また陰イオンどうしも接触している状態の陽イオンと陰イオンの半径比が限界イオン半径比に相当する。(c) 図の直角三角形は (a) 図の立方体の面に相当するので三辺の長さの比は 1 : 1 : $\sqrt{2}$ である。斜面は陰イオン半径 (r_X) の2個分と陽イオン半径 (r_M) の2個分を足し合わせた長さに相当し，残りの2辺は陰イオン半径 (r_X) の2個分に相当する。そのため下式が成立し，限界イオン半径比 0.414 が求められる。

$$1 : \sqrt{2} = 2r_X : (2r_X + 2r_M) \qquad r_M/r_X = \sqrt{2} - 1 = 0.414$$

第5章

1．(1) $18 \times 2 = 36$ (g) (2) $6.0 \times 10^{23} \times 2 = 1.2 \times 10^{24}$ (個)
　(3) $22.4 \times 2 = 44.8$ (L)

2．(1) 9 ／ 18 = 0.5 (mol) (2) $1.2 \times 10^{23} / 6.0 \times 10^{23} = 0.20$ (mol)
　(3) 5.6 ／ 22.4 = 0.25 (mol)

3．(1) $(9 / 18) \times 6.0 \times 10^{23} = 3.0 \times 10^{23}$
　(2) $(1.2 \times 10^{23} / 6.0 \times 10^{23}) \times 22.4 = 4.48$ (L)
　(3) $(5.6 / 22.4) \times 28 = 7.0$ (g)

4．(1) $3\ Cu + 8\ HNO_3 \longrightarrow 3\ Cu(NO_3)_2 + 4\ H_2O + 2\ NO$
　(2) $Cu + 4\ HNO_3 \longrightarrow Cu(NO_3)_2 + 2\ H_2O + 2\ NO_2$
　(3) $2\ NH_4Cl + Ca(OH)_2 \longrightarrow CaCl_2 + 2\ H_2O + 2\ NH_3$

5．(1) $60 / (140 + 60) \times 100 = 30$ (%)
　(2) $200 \times (20 / 100) = 40$　$200 - 40 = 160$ (g)
　(3) $40 \times 0.05 = 2.0$　$160 \times 0.2 = 32$(g)　$(2.0 + 32) / (160 + 40) \times 100 = 17$ (%)
　(4) $100 \times 0.02 = 2$　$100 - 2 = 98$　水 98 (g)　$ZnCl_2$ 2 (g)

6．$$\text{モル濃度} = \frac{1000 \times \text{密度} \times \text{パーセント濃度}}{\text{溶質の分子量}} = \frac{1000 \times 1.3 \times 0.4}{98} = 5.3\ (\text{mol/L})$$

7．(1) $CH_4 + 2\ O_2 \longrightarrow CO_2 + 2\ H_2O$
　(2) $\left.\begin{array}{l} 1\ \text{mol} \rightarrow 16\ \text{g} \\ x\ \text{mol} \rightarrow 24\ \text{g} \end{array}\right\} x = 1.5\ \text{mol}$

$$\left(\begin{array}{ccccccccc} CH_4 & + & 2\ O_2 & \rightarrow & CO_2 & + & 2\ H_2O \\ 1 & : & 2 & : & 1 & : & 2 \\ 1.5\ \text{mol} & : & 3.0\ \text{mol} & : & 1.5\ \text{mol} & : & 3.0\ \text{mol} \\ & & 3.0 \times 6.0 \times 10^{23}\ \text{個} & & 1.5 \times 6.0 \times 10^{23}\ \text{個} & & 3.0 \times 6.0 \times 10^{23}\ \text{個} \\ & & 3.0 \times 22.4\ \text{L} & & 1.5 \times 22.4\ \text{L} & & 3.0 \times 22.4\ \text{L} \end{array}\right)$$

(3) 酸素 3.0 mol　二酸化炭素 1.5 mol　水 3.0 mol

(4) 酸素 1.8×10^{24} 個，67.2 L　二酸化炭素 9.0×10^{23} 個，33.6 L　水 1.8×10^{24} 個，67.2 L

第6章

1．（1）表面積　（2）濃度　（3）触媒　（4）温度

2．（1）正反応　（2）正反応　（3）逆反応　（4）起こらない

第7章

1．（1）酢酸：より強い酸　（2）安息香酸：より強い酸　（3）アンモニア：より強い塩基

2．（1）酸：NH_4^+　塩基：OH^-　（2）塩基：CH_3COO^-　酸：HCl　（3）塩基：CO_3^{2-}　酸：H_2O

　（4）酸：BF_3　塩基：H_2O　（5）塩基：CH_3COOH　酸：$TiCl_4$

第8章

1．（1）O_2　（2）CuO　（3）Cl_2　（4）Cl_2

2．（1）$Cu^{2+} + Zn \longrightarrow Cu + Zn^{2+}$

　（2）$Cu + 2\,Ag^+ \longrightarrow Cu^{2+} + 2\,Ag$（銀樹の生成）

　（3）$Zn + Sn^{2+} \longrightarrow Zn^{2+} + Sn$（スズ樹の生成）

第9章

1．（1）発熱，ΔHの符号は負（−）

　（2）吸熱，ΔHの符号は正（＋）（吸熱はするが固体から液体に状態変化するために熱エネルギーが使われるので温度は変化しない）

　（3）発熱，ΔHの符号は負（−）（中和熱が発生するため）

2．式 9-30 を逆反応に変換したものと式 9-31 を４倍にしたもの，式 9-32 を足し合わせる。

$$4\,CO_2(g) + 2\,H_2O(\ell) \longrightarrow 2\,C_2H_2(g) + 5\,O_2(g) \quad \Delta H = 2599.2\ \mathrm{kJ}$$

$$4\,C(s) + 4\,O_2(g) \longrightarrow 4\,CO_2(g) \quad \Delta H = -1574\ \mathrm{kJ}$$

$$2\,H_2(g) + O_2(g) \longrightarrow 2\,H_2O(\ell) \quad \Delta H = -571.6\ \mathrm{kJ}$$

$$4\,CO_2(g) + 2\,H_2O(\ell) + 4\,C(s) + 4\,O_2(g) + 2\,H_2(g) + O_2(g)$$

$$\longrightarrow 2\,C_2H_2(g) + 5\,O_2(g) + 4\,CO_2(g) + 2\,H_2O(\ell)$$

$$\Delta H = -453.4\ \mathrm{kJ}$$

矢印の左右で相殺される物質（CO_2，H_2O，O_2）を整理

$$4\,C(s) + 2\,H_2(g) \longrightarrow 2\,C_2H_2(g) \quad \Delta H = -453.4\ \mathrm{kJ}$$

得られた上式を２で割る

$$2\,C(s) + H_2(g) \longrightarrow C_2H_2(g) \quad \Delta H = -226.7\ \mathrm{kJ}$$

3．$\Delta G = \Delta H - T\Delta S$ に当てはまる数値を代入する。

　$\Delta G = 180.7 \times 10^3 - 298 \times 24.7 = 173.3 \times 10^3$

　つまりΔG = 173.3 kJ となり，ギブスの自由エネルギー変化が正の値になるので，この反応は自発的には進行しない。

第10章

1．ガラスを再加熱することにより，均一で微細な結晶を生成させて結晶化ガラスにすることで，同時に熱膨張率も均一化され，膨張する部分と収縮する部分の差が減少する。結果として，高強度のガラスとなる。また，ガラス中には目に見えないクラックがあり，それをガラス転移点の温度以上で再加熱することによりクラックが減少し，熱変化に対する耐久性が向上する。

2．焼結とは粉末を主成分の融点以下の温度で加熱することによって，成分どうしが結合して収縮・緻密化して焼き固まる現象であり，焼結によって得られる物質は硬くて耐熱性，耐腐食性，電気絶縁性に優れている。

3．結晶構造をもつ物質は，規則正しく分子や原子が配置した固体状態からランダムな配置状態の液体へ変化する。変化に必要なエネルギーが大きいためにはっきりとした融点が存在する。一方，非晶質な固体であるガラスは，固体の状態ですでに分子が乱れた状態であるので，このような変化がなく，はっきりとした融点がない。しいて言えば固体のガラスが液状化する「ガラス転移現象」を示す「ガラス転移温度」がガラスの“融点”ともいえる。

4．ケイ素 Si 原子には4個の価電子が存在する。ケイ素 Si 結晶にケイ素よりも1個多い5個の価電子をもつリン P 原子を加えると，ケイ素に対してリン原子は電子を放出しやすい不純物（ドナー）となり，n 型半導体が形成される。一方，ケイ素よりも1個少ない3個の価電子をもつアルミニウム Al を加えると，ケイ素に対してアルミニウム原子は電子を受け入れやすい不純物（アクセプター）となり，p 型半導体が形成する。

第11章

1．（1） 　（2） 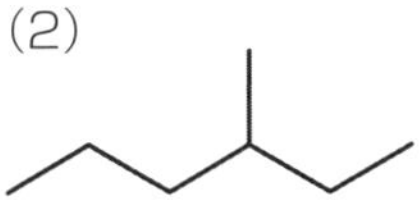　（3）OH　（4）O　O

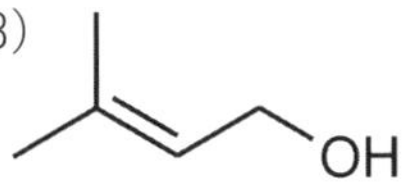

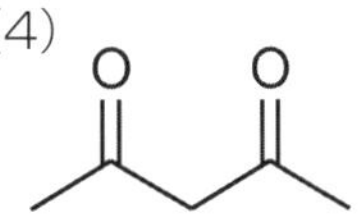

2．［ O^- ↔ $^-$ O ↔ $_-$ O ↔ O $_-$ ↔ O^- ］

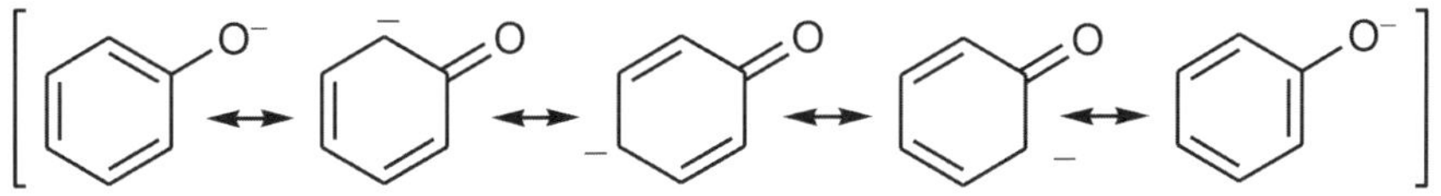

3．（1） 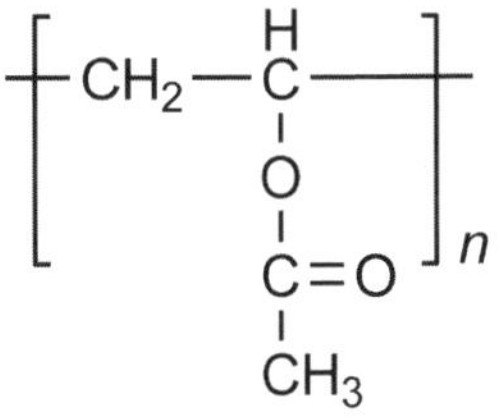 $\left[CH_2 - \underset{\substack{| \\ O \\ | \\ C=O \\ | \\ CH_3}}{\overset{H}{\underset{}{C}}} - \right]_n$　（2） $\left[CH_2 - CH=CH - CH_2 \right]_n$

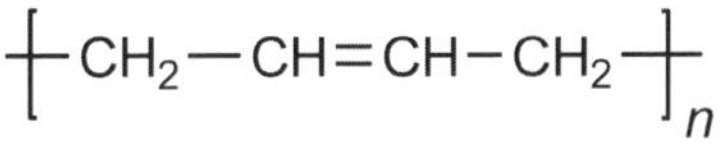

第12章

1．（1）CFC-114　（2）CFC-115　（3）CFC-123

2．12個

索　引

あ 行

アイソトープ　10
アクセプター　123
アクセプター準位　123
アクチノイド　23, 32
アセチルサリチル酸　132
亜閉殻　18, 27
アボガドロ数　52
アボガドロ定数　11, 53
アボガドロの法則　53
網目状高分子　141
アミラーゼ　67
アモルファス　119, 142
アルカリ土類金属　34
アルカン　128
アルキル基　132
アルコール発酵　67
アレーニウスの定義　75
アンモニアソーダ法　113

硫黄酸化物　86
イオン　24, 52
イオン化エネルギー　26
イオン化傾向　92, 123
イオン化列　92
イオン結合　35, 43, 45
イオン結合性　29, 89
イオン結晶　45
イオン交換膜法　7, 115
イオン電池　120
位置エネルギー　99
一次電池　94
一般ガラス　119
イブプロフェン　129
陰イオン　24, 45
陰極　114

運動エネルギー　99, 152

エステル化　83, 134
エステル基　83, 132
エネルギー準位　16, 120
エネルギーバンド　121
エネルギー保存の法則　98, 100
塩　80
塩基　30, 75
塩基性　79
エンタルピー　101
エントロピー　108
エントロピー増大の法則　98, 108

オクテット則　35
オストワルト法　66, 116
オゾン　148
オゾンホール　150
オリゴマー　138
オルトケイ酸　113
オルトリン酸　113
温室効果ガス　152, 154

HDPE　141, 143
LDPE　141, 142
LED　123, 125
LLDPE　143
L-グルタミン酸ナトリウム　146
ℓ-メントール　146
n型半導体　123
RGB 三原色　125
sp^2 混成軌道　39
sp^3 混成軌道　39
sp 混成軌道　39

か 行

外界　98
解放系　98
界面活性剤　117, 136
解離エネルギー　28
化学遺産　58
化学結合　22, 35
化学式　3
化学的酸素要求量　91, 95
化学熱力学　98
化学反応　1, 50
化学反応式　50, 55
化学平衡の法則　70
可逆反応　68
核融合　2
核力　10
化合物　4
化合物半導体　122
価数　24, 76, 80
数平均分子量　139
活性化エネルギー　65, 67, 103
活性化状態　65
価電子　23
価電子帯　121
過マンガン酸カリウム　91, 96
ガラス状態　142
ガラス転移　119, 147
カルボキシ基　132, 134
カルボニル基　133
カルボン　129
カロリー　110
環境基準　95, 156
環境ホルモン　156
還元　88
還元剤　90
官能基　132

幾何異性体　127
希ガス　24, 35
気体反応の法則　56
起電力　94
軌道図　18
希土類元素　32
機能ガラス　119
ギブスの自由エネルギー　109
逆反応　68, 103
吸熱反応　70, 102
強塩基　76
凝固熱　103

強酸　76
共重合　143
鏡像異性体　145
京都議定書　154
共鳴構造　113, 130, 131
共役塩基　83, 131
共役酸　83, 131
共有結合　30, 35, 36, 43
共有結合性　29, 90
共有結合半径　23
共有電子対　36
極性共有結合　29, 133
極性分子　29, 47
金属　121
金属結合　35, 43, 44
金属結晶　44
金属樹　92
金属のイオン化傾向　92

クーロン引力　26, 43, 45, 47
クーロン力　29, 30
グラファイト　105
クロロフルオロカーボン　149

系　98
ケイ酸塩　2, 119
軽水素　11
結合エネルギー　28
結合角　37, 151
結合距離　130, 151
結合性分子軌道　42, 121
結晶化ガラス　120
結晶化度　143
結晶格子　46
結晶性高分子　142
限界イオン半径比　46
原子　1, 9, 52
原子価　127
原子価殻電子対反発モデル　37
原子核　9
原子価結合理論　38
原子軌道　14
原子番号　9
原子量　11, 53
元素　1, 9
元素記号　1, 10
元素半導体　122

高圧法　140
光学異性体　145
交換相互作用　33
酵素　67
構造異性体　127
高電子密度領域　37
高密度ポリエチレン　141, 143
固体高分子形燃料電池　124
骨格構造式　128
孤立系　98
孤立電子対　36
混合物　3
混成軌道　39, 42

K_a　131

さ 行

最外殻　17, 22
再結合　125
最密充填構造　44
錯塩　85
錯体　85
サマコバ磁石　32
サリチル酸　132
サリチル酸メチル　132
酸　75
酸化　88
酸化還元反応　89, 114
酸化剤　90
酸化数　90
酸化物　88
三重結合　37, 41
三重水素　11
酸性　79
酸性雨　79, 86

磁気モーメント　17
式量　53
磁気量子数　14
仕事　100
質量作用の法則　70
質量数　10
質量／体積パーセント濃度　56
質量パーセント濃度　56
質量保存の法則　50, 55
質量モル濃度　56
脂肪族化合物　131
弱塩基　76
弱酸　76, 131
自由エネルギー　109
周期　23
周期表　22
重合　138
重合度　138
重縮合　144
重水素　11
自由電子　44
充填率　45
重量平均分子量　139
主量子数　14
ジュール　103
縮退　15
準安定構造　27
純物質　3
昇華　5
焼結　117
蒸発　5
蒸発熱　102
触媒　66, 134
ショ糖　3
親水性　31, 67, 136
振動数条件　13
親油性　136

水素イオン指数　78
水素結合　30, 47, 142
水和　48

正極　94, 114, 123
正孔　121
精製　4
生成エンタルピー　105
生成熱　102, 105

生体活性セラミックス　118
生体不活性セラミックス　118
静電力　30
正反応　68, 103
生物学的酸素要求量　95
生物濃縮　155
生分解性プラスチック　143
整流作用　123
石英ガラス　119
赤外線ガス分析計　156
節　13
絶縁体　121
接触法　7, 66, 117
絶対温度　109
セラミックス　117
遷移元素　23, 27

相対質量　11
ソーダ灰　114
族　23
疎水性　31, 136
ソックス　86
ソルベー法　113

COD　91, 95
σ結合　40, 41

た 行

第一イオンエネルギー　26
ダイオード　123
ダイオキシン　155
体心立方格子　45, 46
体積パーセント濃度　56
第二イオンエネルギー　26
耐容一日摂取量　156
太陽電池　123
多重結合　37, 41
脱水　117
ダニエル電池　93
炭化水素　113, 128
単結合　37, 130
短縮電子配置　17
単体　4

チーグラー・ナッタ触媒　66, 71, 140
地球温暖化　153
地球温暖化指数　154
窒素酸化物　66
中性　79
中性子　9
中和　80
中和熱　102
中和反応　80
超高分子量ポリエチレン　141
長周期型周期表　22
直鎖状低密度ポリエチレン　143

低圧法　140
低密度ポリエチレン　140, 142
テルミット法　91
電気陰性度　28, 133
電気素量　9
電気分解　114
電極　94
典型元素　23, 27
電子　9
電子雲　14
電子殻　14
電子軌道　12, 13
電子式　35
電子親和力　27
電子スピン　17, 33
電子素子　123
電子対　17, 33
電子伝導体　120
電子配置　16, 22
電池　93, 114, 123
伝導帯　121
電離　75
電離定数　76, 131
電離度　77
同位体　10

特定フロン　150
トタン　93
ドナー　123
ドナー準位　123
トランジスタ　123

DNA　30
TDI　156

な 行

内殻　17
内部エネルギー　100
内分泌かく乱物質　156
鉛蓄電池　94, 117

二クロム酸カリウム　91, 96
二酸化炭素　5, 54, 151
二次電池　94, 123
二重結合　37, 40, 130
二重らせん構造　31
乳化　136

ヌクレオチド　30

ネオジム磁石　32
熱　100
熱運動　5, 99, 108
熱化学方程式　102
熱可塑性樹脂　142
熱硬化性樹脂　142
熱力学　62, 98
熱力学第一法則　98, 100, 107
熱力学第二法則　98, 107
燃焼熱　102
燃料電池　66, 124

ノックス　66

は 行

ハーバー・ボッシュ法　58, 66, 71
配位結合　75, 83
配位数　46
バイオセラミックス　118
ハイドロクロロフルオロカーボン　149
ハイドロフルオロカーボン　149

八電子則　35
発光ダイオード　123, 125
発熱反応　70, 102
波動関数　13, 42
波動方程式　13
パリ協定　154
反結合性分子軌道　42, 121
バンド　121
半導体　121
バンドギャップ　121
バンド構造　121
反応速度　62
反応速度式　64
反応速度定数　64
反応熱　66, 102

光触媒　66
非共有電子対　30, 36, 84, 130
非晶質　119
非晶性高分子　142
ビタミンC　90
ヒドロキシアパタイト　118
ヒドロキシ基　117, 132
比熱　47
標準状態　53, 105
標準生成エンタルピー　105

ファインセラミックス　118
ファラデーの法則　115
ファンデルワールス力　142
フェノール樹脂　141
不可逆反応　68
負極　94, 114, 123
副殻　14
不斉炭素原子　145
不対電子　18, 33
物質波　13
物質の三態　4, 56
物質量　52
沸点　5, 30
物理変化　4, 50
プランク定数　12, 152
ブリキ　92

ブレンステッド・ローリー塩基　83
ブレンステッド・ローリー酸　83
ブレンステッド・ローリーの定義　81
フロン　149
分岐構造　140
分極　133, 134
分子　1, 52
分子間力　142
分子軌道　14, 42
分子軌道法　42
分子式　3
分子量　30, 53
分子量分布　138

閉殻　16
平衡移動の原理　70
平衡状態　69
平衡定数　70, 131, 134
閉鎖系　98
ヘスの法則　104
ベンゼン　129

方位量子数　14
芳香族化合物　131
放射性壊変　10
放射性同位体　10
放射線　10
放射能　10
飽和　114
ホール　121
ポテンシャルエネルギー　99
ポリ（ブチレンサクシネート）　144
ポリエステル　144
ポリエチレン　7, 66, 72, 137, 140, 145
ポリエチレンテレフタラート　144
ポリ塩化ビニル　140, 145
ポリクロロビフェニル　154
ポリ酢酸ビニル　147
ポリスチレン　140, 145
ポリ乳酸　144

ポリヌクレオチド　30
ポリブタジエン　147
ポリプロピレン　72, 140, 145
ポリマー　137
ポリメタクリル酸メチル　143
ポリリン酸　113

BOD　95
Fischer エステル化　134
PCB　154
PET　144
pH　78
p 型半導体　123
VSEPR モデル　37
π 結合　40, 41, 130

ま行

マイクロプラスチック　137

水ガラス　119
水のイオン積　78

無機化合物　113
無限鎖構造　113
無定形　119

メラミン樹脂　141
面心立方格子　46

モノマー　137
モル　11, 52
モル質量　53
モル体積　53
モル濃度　57
モントリオール議定書　150

や行

融解　5, 117
融解熱　102
有機化合物　113, 127
有機ガラス　143
有機溶媒　128

融点　5, 30
油脂　136

陽イオン　24, 45
溶液　56
溶解　56
溶解熱　102
陽極　114
陽子　9
溶質　56, 114
溶媒　56

ら 行

ラジオアイソトープ　10
ラジカル重合　140, 143
ランタノイド　23, 32

リチウムイオン電池　123
立方最密充填構造　45
硫酸　7, 117
量子条件　13
量子力学　13, 42
両親媒性分子　136
良導電体　121
リン酸形燃料電池　124

ルイス塩基　84, 135
ルイス酸　84, 135
ルイスの定義　84
ルシャトリエの原理　70, 134

レア・アース　32

六方最密充填構造　45

著者略歴

幅上茂樹（はばうえ しげき）

1993年　名古屋大学大学院工学研究科応用化学専攻
　　　　博士課程後期課程修了　博士（工学）
現　在　中部大学工学部　教授
専　門　高分子合成，有機合成
担当章　第1，6，7，8，11，12章

石川英里（いしかわ えり）

1999年　東京工業大学大学院総合理工学研究科化学環境工学専攻
　　　　博士課程後期課程修了　博士（工学）
現　在　中部大学工学部　教授
専　門　無機化学
担当章　第2，3，4，9章

櫻井誠（さくらい まこと）

1995年　中部大学大学院工学研究科応用化学専攻
　　　　博士後期課程修了　博士（工学）
現　在　中部大学工学部　教授
専　門　無機材料化学，リン酸塩の化学
担当章　第10章

宮脇誠司（みやわき せいじ）

1986年　中部大学工学部工業化学科卒業
現　在　中部大学春日丘高等学校　教諭
担当章　第5章

基礎化学（きそかがく）　—化学の世界へようこそ—

2018年3月25日　初版第1刷発行
2022年10月20日　初版第3刷発行

発行者　秀島功
印刷者　渡辺善広

発行所　三共出版株式会社
郵便番号 101-0051
東京都千代田区神田神保町3の2
電話 03-3264-5711　FAX 03-3265-5149
https://www.sankyoshuppan.co.jp/

一般社団法人日本書籍出版協会・一般社団法人自然科学書協会・工学書協会　会員

Printed in Japan　　印刷・製本　壮光舎

ISBN 978-4-7827-0771-5

元素の周期表

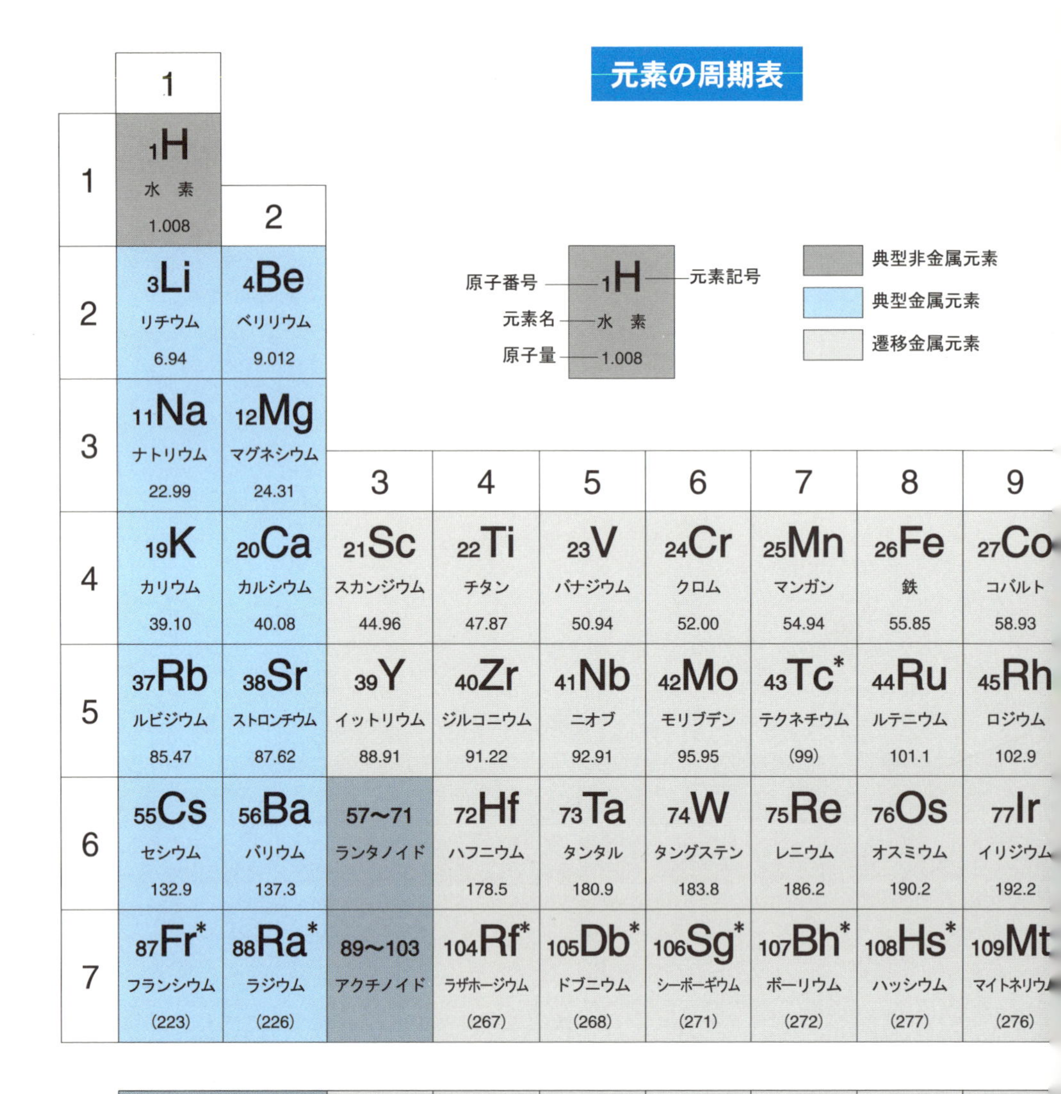

原子番号	元素記号	元素名	原子量
1	H	水素	1.008

色	分類
濃い灰色	典型非金属元素
水色	典型金属元素
薄い灰色	遷移金属元素

周期＼族	1	2	3	4	5	6	7	8	9
1	1H 水素 1.008								
2	3Li リチウム 6.94	4Be ベリリウム 9.012							
3	11Na ナトリウム 22.99	12Mg マグネシウム 24.31							
4	19K カリウム 39.10	20Ca カルシウム 40.08	21Sc スカンジウム 44.96	22Ti チタン 47.87	23V バナジウム 50.94	24Cr クロム 52.00	25Mn マンガン 54.94	26Fe 鉄 55.85	27Co コバルト 58.93
5	37Rb ルビジウム 85.47	38Sr ストロンチウム 87.62	39Y イットリウム 88.91	40Zr ジルコニウム 91.22	41Nb ニオブ 92.91	42Mo モリブデン 95.95	43Tc* テクネチウム (99)	44Ru ルテニウム 101.1	45Rh ロジウム 102.9
6	55Cs セシウム 132.9	56Ba バリウム 137.3	57〜71 ランタノイド	72Hf ハフニウム 178.5	73Ta タンタル 180.9	74W タングステン 183.8	75Re レニウム 186.2	76Os オスミウム 190.2	77Ir イリジウム 192.2
7	87Fr* フランシウム (223)	88Ra* ラジウム (226)	89〜103 アクチノイド	104Rf* ラザホージウム (267)	105Db* ドブニウム (268)	106Sg* シーボーギウム (271)	107Bh* ボーリウム (272)	108Hs* ハッシウム (277)	109Mt マイトネリウ (276)

57〜71 ランタノイド	57La ランタン 138.9	58Ce セリウム 140.1	59Pr プラセオジム 140.9	60Nd ネオジム 144.2	61Pm* プロメチウム (145)	62Sm サマリウム 150.4	63Eu ユウロピウ 152.0
89〜103 アクチノイド	89Ac* アクチニウム (227)	90Th* トリウム 232.0	91Pa* プロトアクチニウム 231.0	92U* ウラン 238.0	93Np* ネプツニウム (237)	94Pu* プルトニウム (239)	95Am アメリシウ (243)

本表の４桁の原子量は IUPAC で承認された値である。なお，元素の原子量が確定できないもの

＊安定同位体が存在しない元素。